www.tredition.de

Klaus Hellmuth Richardt

Damit die Lichter weiter brennen

Für eine professionelle Energie- und Verkehrswende

www.tredition.de

© 2020 Klaus Hellmuth Richardt

Verlag und Druck: tredition GmbH, Halenreie 40-44, 22359 Hamburg

ISBN
Paperback: 978-3-347-11278-0
Hardcover: 978-3-347-11279-7
e-Book: 978-3-347-11280-3

INHALTSVERZEICHNIS

1. VORWORT

Als pensionierter Kraftwerksplaner, -bauer und -abwickler habe ich 38 Jahre die Welt bereist und die Entwicklung der Stromversorgung sowie des Verkehrssektors über alle Kontinente verfolgt. Dabei gab es genügend Anlass zum Staunen, manchmal verwunderliches, aber auch Dinge, die man anders vermutet hätte.

Zum Beispiel bin ich in den 80er-Jahren im Verkehrsstau in Rangoon (Myanmar) durch schwarze Lkw-Dieselwolken durchgelaufen und konnte trotzdem frei atmen; Jahre später in der Rush Hour in Frankfurt blieb mir bei klarer Sicht die Luft weg, obwohl die meisten Autos bereits mit Katalysator fuhren.

Ich habe 2014 in China Städte erlebt in denen es herrührend von Kohlekraftwerken ohne Filter und Abgasreinigung sehr schlechte Luft gab und das Atmen manchmal zur Qual wurde, die Feinstaubbelastung hoch war, aber zweimal täglich fuhren Sprengwagen der Stadt durch die Straßen und spülten mit viel Wasser den Feinstaub weg. Statt Mopeds fuhren nur noch Elektroroller, zum großen Teil Eigenbauten, deren kleine Batterien sich schnell und leicht laden lassen. Was macht man bei uns, außer Jammern?

Wir wohnen seit einigen Jahren in einer Dachgeschoßwohnung mit einem schönen Freisitz über den Dächern, unser Haus ist gasbeheizt. Seit neuestem gibt es in der Nachbarschaft Schwedenöfen und Pelletheizungen; an manchen Tiefdrucktagen liegt ein solch dicker Rauch in unserem Dacheinschnitt, dass man weder lüften noch heraussitzen kann. Ist das der Fortschritt?

Ich lege ziemlich alle Wege zu Fuß, mit dem Fahrrad oder öffentlichen Verkehrsmitteln zurück.

Wenn ich einmal über Land oder an die Ostsee fahre erlebe ich blühende Landschaften mit vielen Windkraftwerken, die mit Ausnahme jener an der Küste, meistens eines tun: Stillstehen!

Übrigens: Wenn ich fahren kann, denn auf Autobahnen steht man meistens im Stau. Da ist es unerheblich, ob man mit einem Verbrenner oder E-Auto unterwegs ist: Stau bleibt Stau! Fährt man mit der Bahn kommt man oft auch nicht weiter, weil der Zug verspätet ist oder gar nicht kommt.

Apropos China: Chinesische Kinder gehen 6 Tage in der Woche von morgens bis abends zur Schule [1,2,3], mit Sport, Essen und Mittagsschlaf. Ich habe dort keine unglücklichen Gesichter oder Schlägereien aus Frust erlebt, bin aber beeindruckt von deren gutem Benehmen und der Zielstrebigkeit, mit der sich diese jungen Leute um ihre Zukunft kümmern. In meiner Heimatstadt Karlsruhe studieren an der technischen Universität viele junge chinesische Paare; immer gepflegt, das Ziel vor Augen und meistens in der Regelstudienzeit. Und: Gutes Deutsch können sie auch noch.

Und wir? Wir schneiden bei Pisa jedes Jahr schlecht ab, gehen von 5 Schultagen noch an einem für die Zukunft demonstrieren. Engagement ist gut, aber dann bitte nicht während der Schulzeit. Wenn wir als rohstoffarmes Land überleben wollen, brauchen wir eine Elite, die diesen Namen verdient, aber dazu müssen wir mehr, auch lebenslang, lernen.

Last but not Least:

Zum fünfzigsten Jahrestag meines Abiturs habe ich am 15.6.2019 an meinem alten Gymnasium eine Rede gehalten. Vor mir sprach der Bildungsbürgermeister, unter anderem von Deutschland als dem reichsten Land der Welt. Wenn man sich unsere Staatsfinanzen, die Finanzereignisse der vergangenen Jahre, unsere Garantieverpflichtungen im Rahmen der Bankenkrise, die

Situation der anderen Länder in der EU und die noch nicht bekannten Auswirkungen der Corona-Krise ansieht sollte man aufpassen, dass man nicht Geld ausgibt, was man gar nicht mehr hat.

Wir müssen bei den Weichenstellungen der nächsten Jahre sehr vorsichtig sein, was wir machen; Spielgeld zum Probieren haben wir nicht mehr.

Dieses Buch ist der Versuch, mit einfachen Mitteln, im Rahmen unserer Möglichkeiten und mit Blick auf unsere begrenzte Bedeutung in der Welt, Wege aufzuzeigen, wie man die Situation auf dem Energie- und Verkehrssektor zum Besseren verändern kann, ohne unserem Land und seinen Bürgern irreversible Schäden zuzufügen.

LITERATURVERZEICHNIS

[1] https://www.studieren-weltweit.de/5-dinge-die-an-chinesischen-schulen-anders-sind

[2] https://de.wikipedia.org/wiki/Schulsystem_in_der_Volksrepublik_China

[3] www.awg.musin.de/fileadmin/schulinfos/fahrten/china/0506/berichte/schulalltag.pdf

2.   ALLGEMEIN

Dies ist ein Diskussionspapier. Ich rege dazu an, es genau zu analysieren, zu ergänzen oder zu kritisieren, sollte sich irgendetwas als wissenschaftlich unklar, ergänzenswert oder vielleicht auch falsch herausstellen.

Insgesamt werden folgende Themen behandelt:

- Die Fridays for Future Bewegung
- Die CO_2-Belastung in der Welt
- Der Anstieg der Weltbevölkerung als Hauptursache des CO_2-Anstieges
- Die Kraftwerke in der Welt und in Deutschland nach Erzeugungsarten
- Die deutschen Besonderheiten
  - in der Energieerzeugung
  - im Verkehrssektor
  - in Gewerbe, Handel und Dienstleistungen
  - in der Industrie
  - in den Haushalten
  - beim Strompreis
  - bei den maroden Staatsfinanzen, die keine großen Sprünge erlauben.

Der Fokus liegt auf Deutschland, wo nach und nach alle Besonderheiten des Energieverbrauchs abgehandelt werden. So wurden bei uns, wie wir im weiteren Verlauf dieses Buches zeigen werden, im Jahr 2017[1] 2591 TWh an Energie verbraucht, davon

---

[1] Es ist immer ein Problem mit nationalen und internationalen Statistiken: Das Zusammentragen, Prüfen und Freigeben der Werte braucht Zeit, besonders wenn sie aus vielen Quellen und von weither stammen. Deshalb wurden hier Werte von 2017 und nicht von 2019 verwendet. Außerdem sind die Statistiken

- Im Verkehr   765   TWh
- In Gewerbe, Handel, Dienstleistungen   401   TWh
- In der Industrie   750   TWh
- In den Haushalten   675   TWh

Summe: **2591 TWh**

Der Schwerpunkt dieses Buches liegt bei der Stromerzeugung und dem Verkehrssektor, weil diese Bereiche in der aktuellen Situation (Abschaltung Kernkraft- und thermische Kraftwerke, versuchte Abwendung vom Verbrennungsmotor) besonders betroffen sind und der Stromverbrauch aller zusammen mit dem Mineralölverbrauch im Verkehr insgesamt 47,86% des o.g. Gesamtverbrauches von 2591 TWh ausmachen.

Der fossile Energieverbrauch in der Industrie wurde nicht im Detail behandelt, da er, u.a. auch durch Verlagern der Grundstoffindustrien ins Ausland bereits sehr stark zurückgegangen ist.

Das Gleiche gilt für Gewerbe, Handel und Dienstleistungen, wo meist inhabergeführte Kleinbetriebe auf die Kosten achten müssen, um über die Runden zu kommen, weshalb sie in den letzten Jahren bereits Energie einsparten und deshalb weniger Schadstoffe produzierten.

Bei den Haushalten ist es ähnlich. Viele Leute isolieren ihre Häuser und heizen bereits umweltfreundlich. Die Möglichkeiten, ein Haus oder eine Wohnanlage umweltfreundlich zu gestalten oder zu betreiben sind aber so vielschichtig, dass dies den Rahmen dieses Buches sprengen würde. Zudem werden zurzeit sehr viele Betriebe und Wohnanlagen mit Fernwärme aus Kohlekraftwerken

---

in diesem Buch so ausgewählt, dass die Parameter vergleichbar sind und zusammenpassen. Ziel dieses Buches ist es, internationale Trends zu vergleichen. Das ist mit den dargestellten Werten gut möglich.

beheizt. Bleibt es bei der beschlossenen Abschaffung aller Kohlekraftwerke, müssen kurzfristig Heizkraftwerke oder andere Lösungen in dicht besiedelten Gebieten geschaffen werden, was die Verhältnisse wiederum gewaltig ändert. Wegen dieser Unsicherheiten und der Vielfalt der möglichen Lösungen wurde hier zunächst auf eine Detaillierung verzichtet. Dies wird später nachgeholt werden.

Ich erwähne die ‚Fridays for Future-Bewegung' in diesem Buch, weil viele der meines Erachtens in der Vergangenheit von der Politik getroffenen Entscheidungen mit sehr heißer Nadel gestrickt waren, zum großen Teil gut gemeint aber in der Konsequenz wegen fehlendem Fachwissen und ohne Überblick über die Gesamtsituation zu krassen Fehlentscheidungen geführt haben. Es fehlt ein Gesamtkonzept mit Zeitplan, in dem die einzelnen Maßnahmen mit ihren Wechselwirkungen untersucht und in logischer Abfolge geplant werden. Man kann nicht einfach wesentliche Komponenten unserer Volkswirtschaft abschalten oder abschaffen, ohne rechtzeitig für Ersatz gesorgt zu haben.

Ich möchte erreichen, dass die ‚Fridays for Future' – Generation und deren Nachfolger so viel Bildung erwerben, dass sie die besten, sachgerechten, Entscheidungen treffen können, die ihnen und den nachfolgenden Generationen zu einer lebenswerten Umwelt verhelfen.

Vor diesem Hintergrund folgt am Ende des Buches ein Ausblick mit Vorschlägen für die Zukunft der deutschen Stromindustrie und Verkehrswirtschaft unter Berücksichtigung volkswirtschaftlicher Erfordernisse.

2.1   WEEKENDS STATT FRIDAYS FOR FUTURE

Die Bewegung ‚Fridays for Future' hat gute Absichten, nur leider verkennt sie zwei Dinge:

Der Freitag ist zum Lernen da, nicht zum Demonstrieren. Wenn man etwas verändern will, sollte man sich zunächst die Kenntnisse aneignen, die eine vernünftige Änderung der Verhältnisse ermöglichen; gerade Aktionismus (wie in der Politik üblich) führt zu keiner tragfähigen Lösung.

Wenn man dann immer noch demonstrieren will, weil die ‚Erwachsenen nichts oder nur Mist machen' kann man das auch außerhalb der Schulzeit tun. Außerdem haben die eigenen Verwandten und Unterstützer am Wochenende mehr Zeit, um die Bewegung zu unterstützen.

Macht den Politikern Dampf aber macht Euch während der Woche schlau in der Schule. Dann seid ihr noch effizienter.

2.2   DIE CO_2-BELASTUNG IN DER WELT

Es ist unbestritten, dass die CO_2-Belastung der Welt [4] <u>seit Anbruch des industriellen Zeitalters und der Verwendung fossiler Energieträger</u> stetig weiter ansteigt. Wie man es dreht und wendet, Verursacher ist der Mensch zusammen mit dem übermäßigen Wachstum der Weltbevölkerung, die auch in Entwicklungsländern, mit langsam steigendem Wohlstand, immer mehr Energie verbraucht. Wie auch immer man die Energieerzeugung verändert kann man nur dann Verbesserungen erreichen, wenn es gelingt, die Zahl der Menschen in der Welt im Konsens auf einem erträglichen Niveau zu halten, ansonsten bleibt jede Umweltmaßnahme wirkungslos.

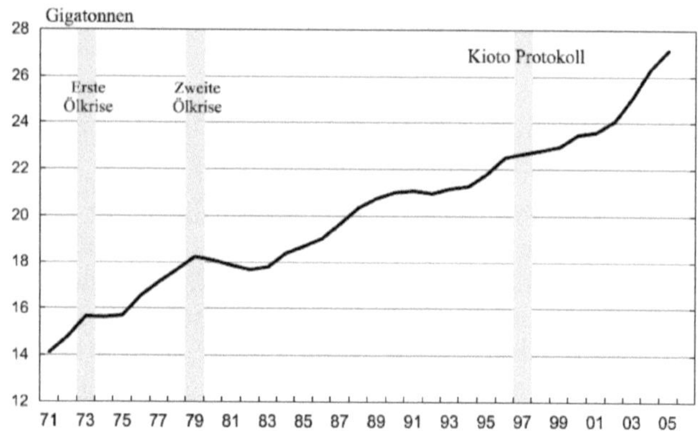

Abbildung 1, Jährliche weltweite Kohlendioxidemission (IEA)

2.3   DER ANSTIEG DER WELTBEVÖLKERUNG 1950 – 2060

Laut der Bundeszentrale für Bevölkerungsentwicklung erfolgt der Anstieg der Weltbevölkerung immer schneller, je nachdem welche Geburtenrate man ansetzt [5,6].

Nach dem zweiten Weltkrieg ist die Weltbevölkerung durch einen wachsenden Lebensstandard und bessere medizinische Versorgung von (1950) 2,53 Milliarden auf heute (2020) 7,3 Milliarden Menschen angestiegen. Je nach dem, welche Geburtenrate man ansetzt (s. Abbildung 2, Anstieg der Weltbevölkerung (UN-DESA)), werden wir bis 2060 eine Weltbevölkerung haben von

- 8,7 Mrd.bei einem Wachstum mit 1,5 Kindern/Frau
- 10,2 Mrd. bei einem Wachstum von 2 Kindern/Frau
- 11,9 Mrd. bei einem Wachstum von 2,5 Kindern/Frau

Ein weiterer Punkt ist die Verschiebung des Bevölkerungswachstums zwischen den Kontinenten. Je mehr ein Kontinent entwickelt ist geht die Bevölkerung zurück (s. Abbildung 3, Entwicklung der Weltbevölkerung nach Kontinent (Zahlen nach UN-DESA)), deshalb wird die gemäßigte Anhebung des Lebensstandards in der Welt entscheiden, ob die Ressourcen der Welt langfristig ausreichen.

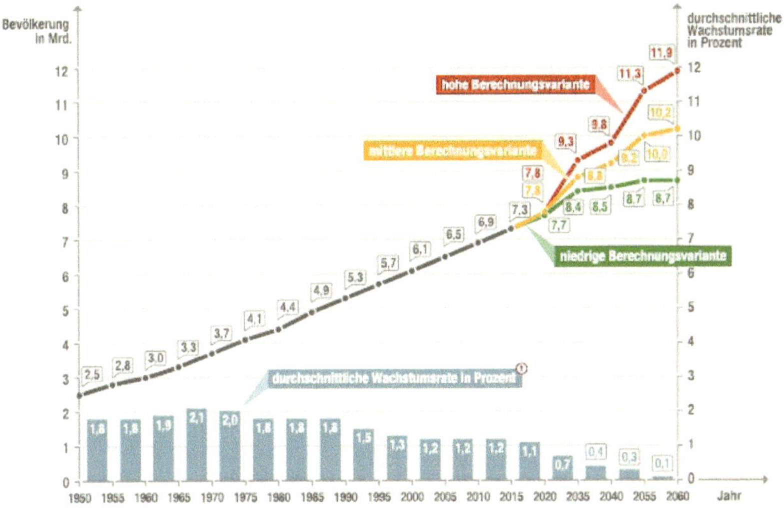

Quelle: UN – DESA, Population Division (2015): World Population Prospects: The 2015 Revision
Lizenz: cc by-nc-nd/3.0/de/

Abbildung 2, Anstieg der Weltbevölkerung (UN-DESA)

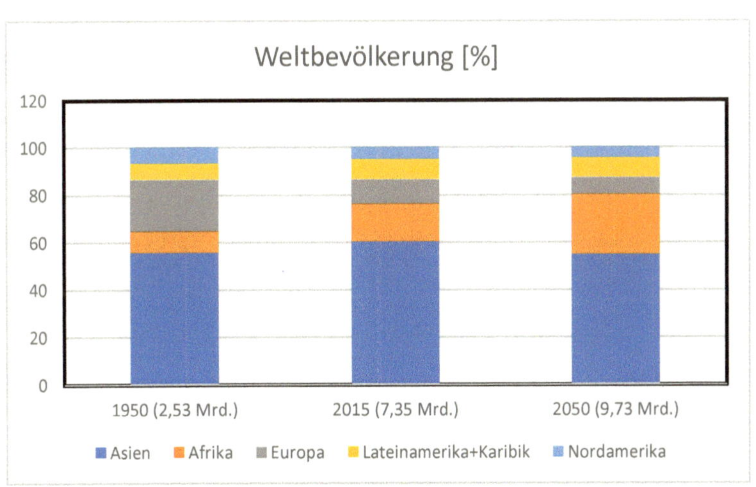

**Abbildung 3, Entwicklung der Weltbevölkerung nach Kontinent
(Zahlen nach UN-DESA)**

Wenn die Welt nicht aufpasst, wird einmal der Punkt erreicht werden, bei dem die Ressourcen der Welt nicht mehr für eine solche Menge von Menschen ausreichen. Da muss man sanft, mit Entwicklungshilfe und Mentalitätsänderung gegensteuern, wenn man Verteilungskämpfe und Hungertod vermeiden will.

2.4 CO_2-EMISSIONEN IN DER WELT UND BEI DEN HAUPTEMITTENTEN

Zurzeit tragen die Staaten der Welt in unterschiedlichem Maß zu den CO_2-Emissionen bei (IEA-Statistik 1990 – 2016 [7]):

Insgesamt ist in der Welt ein Anstieg der CO_2-Emissionen zu verzeichnen, weil die nachwachsenden Industriestaaten, hier besonders China und Indien, ihre Energieversorgung schnell mit einfachen Kohlekraftwerken ohne Abgasbehandlung (s. Abbildung 5, CO2-Emissionen Peoples Republic of China; Abbildung 8, CO2-Emissionen Indien) verstärkt haben und noch weiter verstärken.

Bei den hochentwickelten Industrieländern ist die CO_2-Emission noch hoch, geht aber bereits, wegen steigendem Umweltbewusstsein und neuerer, sauberer Kraftwerkstechnologie, stetig zurück (s. Abbildung 6, CO2-Emissionen USA, Abbildung 7, CO2-Emissionen EU, Abbildung 9, CO2-Emissionen Deutschland).

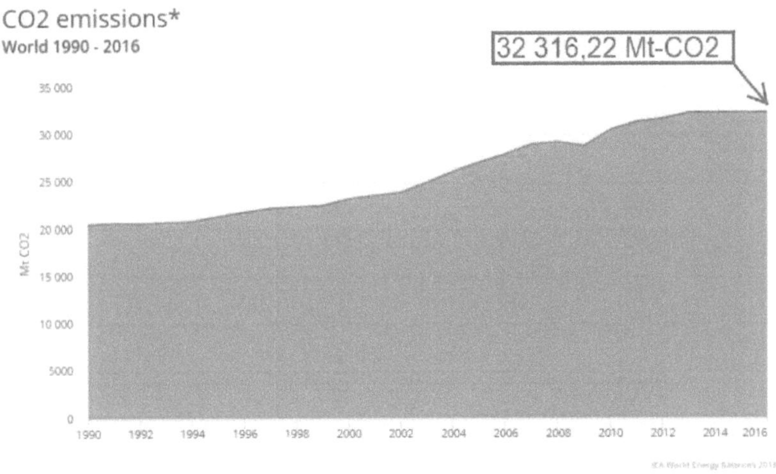

Abbildung 4, CO$_2$-Emissionen weltweit (IEA)

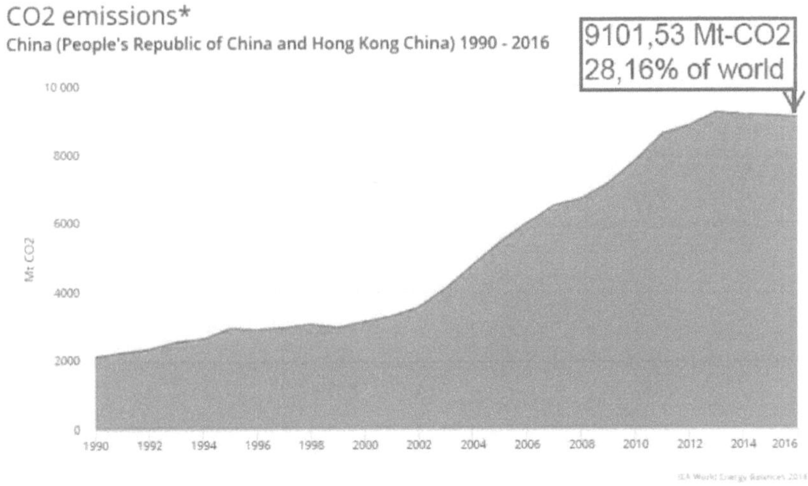

Abbildung 5, CO$_2$-Emissionen Peoples Republic of China (IEA)

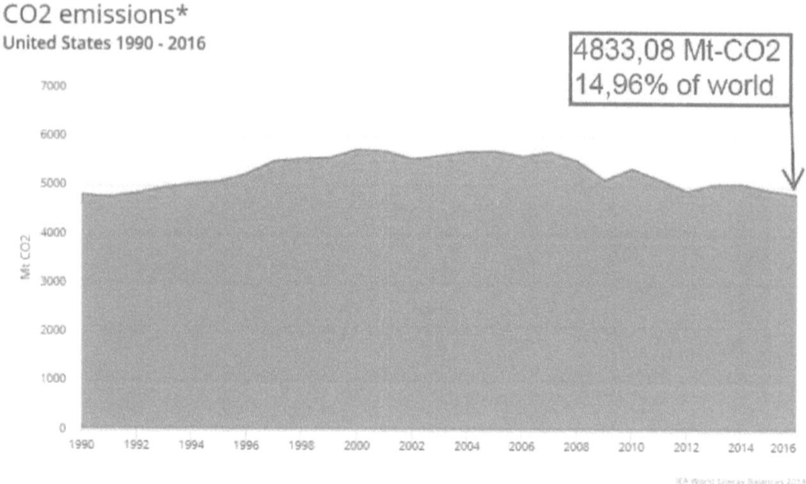

Abbildung 6, CO2-Emissionen USA (IEA)

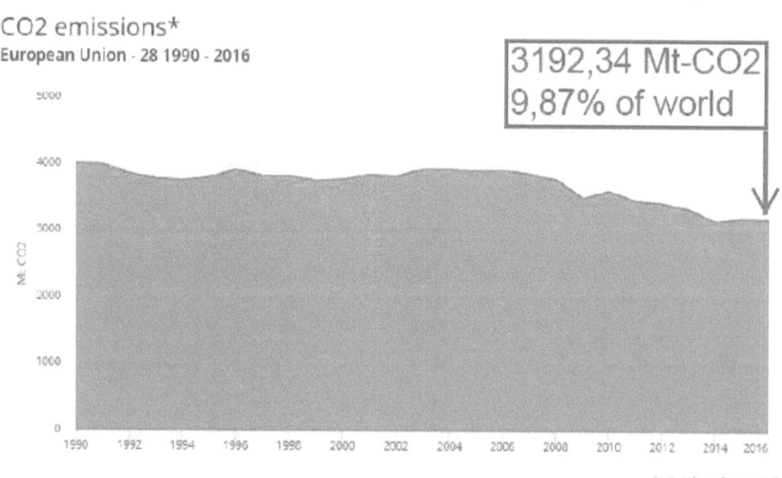

Abbildung 7, CO₂-Emissionen EU (IEA)

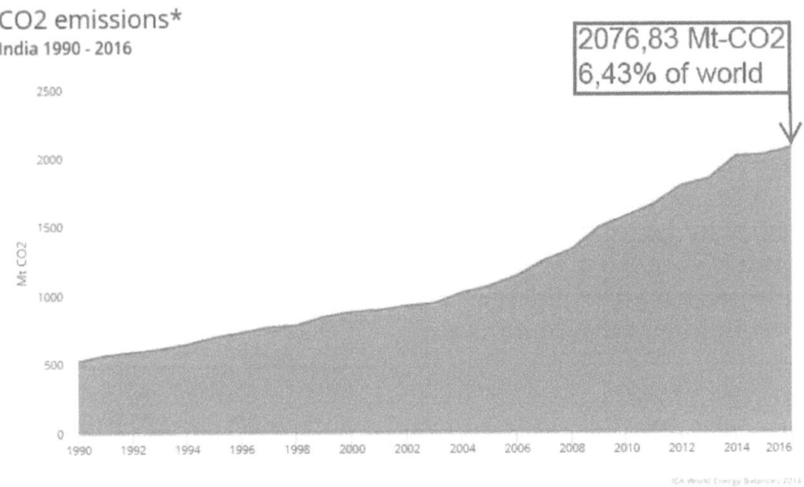

Abbildung 8, CO₂-Emissionen Indien (IEA)

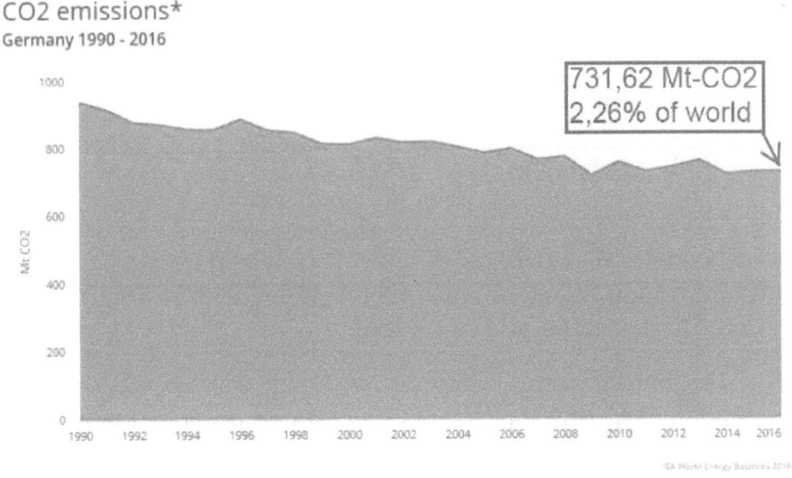

Abbildung 9, CO₂-Emissionen Deutschland (IEA)

Das bedeutet für unsere Anteile an der Welt-CO_2-Erzeugung:

- EU $\qquad$ CO_2: 9,87%
- Deutschland $\qquad$ CO_2: 2,26%.

Vergleicht man die o.g. CO_2-Erzeugung in der Welt mit den Anteilen an der Energieversorgung[2] zeigt sich eine große Ähnlichkeit in den jeweiligen prozentualen Anteilen, da die meiste Energie noch mit fossilen Energieträgern bereitgestellt wird, welche als Abfallprodukt CO_2 hinterlassen:

	Mt CO_2	CO_2 [%]	Energie [%]
Welt	32 316,22	100,00%	100,00%
China	9 101,53	28,16%	22,03%
USA	4 833,08	14,96%	15,39%
EU	3 192,34	9,87%	..11,57%
Indien	2 076,83	6,43%	6,31%
Deutschl.	731,62	2,26%	...2,26%

Deshalb ist es zulässig, im Folgenden die Energieversorgung und Erzeugungsarten in der Welt miteinander zu vergleichen, um CO_2-Einsparpotentiale zu finden.

Um einschätzen zu können, welchen Einfluss die EU auf die Veränderung des Weltklimas nehmen kann, sollte man zunächst untersuchen, welchen Anteil die EU und deren Mitgliedsstaaten an der Weltenergieversorgung haben.

---

[2] Zahlen s. Abbildung 10, IEA-Weltanteil Primärenergieversorgung [ktoe]

2.5   ANTEIL DER EU UND DEUTSCHLAND AN DER WELTENERGIEVERSORGUNG

Dieser Anteil ist erstaunlich gering.

Laut International Energy Agency (IEA)-Statistik des Jahres 2017 [7] (Details s. unten, entnommen aus www.iea.org/statistics/):

- Ergibt sich für die EU ein Anteil von   11,57 %
- Für Deutschland ein Anteil von   2,26 %

IEA-Primärenergieversorgung 2017 [ktoe]								
	Öl	Gas	Kohle	Atom	Biomasse	Geoth.,Solar, Wind, Wellen	WK	Gesamt [ktoe]	Weltanteil [%]
Schweiz	8.864	3.009	110	5.341	2.727	216	2.931	23.198	0,17%
Norwegen	11.395	4.646	848	0	1.916	245	12.196	31.246	0,22%
Österreich	11.595	7.776	3.081	0	6.279	891	3.299	32.921	0,24%
Rumänien	9.428	9.620	5.400	2.999	4.048	839	1.246	33.580	0,24%
Schweden	10.378	920	2.046	17.118	13.052	1.545	5.601	50.660	0,36%
Belgien	21.189	14.486	3.093	11.003	3.800	872	23	54.466	0,39%
Polen	29.028	15.445	49.421	0	8.145	1.373	220	103.632	0,74%
Australia	42.897	31.314	43.908	0	5.381	2.153	1.379	127.032	0,91%
Frankreich	72.568	38.492	9.891	103.796	17.912	3.579	4.297	250.535	1,79%
Brasilien	110.721	32.526	16.783	4.101	86.450	4.549	31.892	287.022	2,05%
Deutschland	102.965	75.341	71.414	19.887	31.012	13.407	1.733	315.759	2,26%
Russland	153.963	388.384	113.581	53.279	0	165	15.908	725.280	5,19%
Indien	223.316	51.021	390.944	9.991	187.138	7.479	12.193	882.082	6,31%
EU-28	531.133	398.384	234.191	216.299	158.718	52.480	25.863	1.617.068	11,57%
USA	790.278	643.934	330.746	218.573	101.163	39.696	25.998	2.150.388	15,39%
China	571.839	197.906	1.959.768	64.637	113.946	70.018	99.492	3.077.606	22,03%
Welt	4.449.499	3.106.799	3.789.934	687.481	1.329.064	256.830	351.029	13.970.636	100,00%

Abbildung 10, IEA-Weltanteil Primärenergieversorgung [ktoe], (e. D.)[3]

---

[3] Erklärung zu (e.D.) = eigene Darstellung

Hier wird eines sehr klar: Mit 2,26% (Deutschland) und 11,57% (EU) an der Primärenergieversorgung können wir die Welt nicht retten, wenn die Großverbraucher USA, China und Indien nicht mitmachen. Wir können bestenfalls Entwicklungen anstoßen, Alternativen entwickeln und versuchen, diese der Welt zu verkaufen. Alles nur in Deutschland oder Europa allein umzustellen hilft der Welt nicht, ruiniert aber unsere Volkswirtschaft!

2.6 PRIMÄRENERGIEMIX IN DEUTSCHLAND UND DER WELT

Der o.g. Anteil an der Primärenergieversorgung wird mit folgenden Energieträgern erbracht:

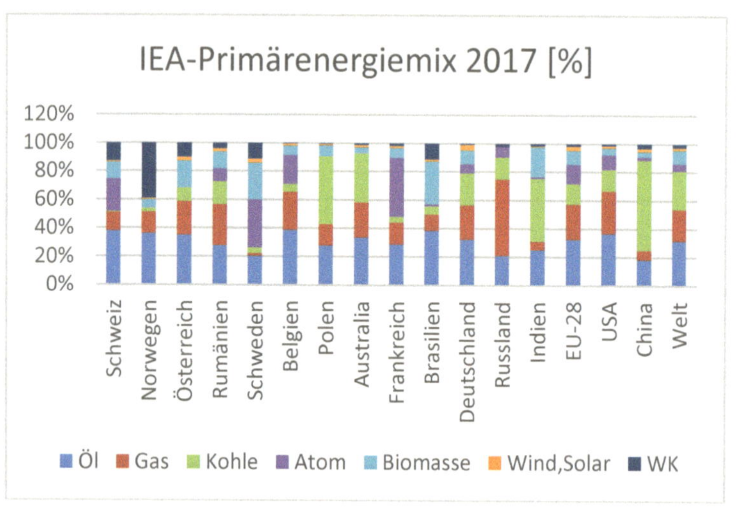

(Anmerkung: Prozentzahlen beider Tabellen aus absoluten Werten der IEA [k$_{toe}$] errechnet)

Abbildung 11, IEA-Aufteilung Primärenergiemix 2017, Grafik, (e. D.)

Im Detail haben die einzelnen Länder folgende Anteile an den einzelnen Energiearten:

	Öl	Gas	Kohle	Atom	Biomasse	Wind,Solar	WK
Schweiz	38%	13%	0%	23%	12%	1%	13%
Norwegen	36%	15%	3%	0%	6%	1%	39%
Österreich	35%	24%	9%	0%	19%	3%	10%
Rumänien	28%	29%	16%	9%	12%	2%	4%
Schweden	20%	2%	4%	34%	26%	3%	11%
Belgien	39%	27%	6%	20%	7%	2%	0%
Polen	28%	15%	48%	0%	8%	1%	0%
Australia	34%	25%	35%	0%	4%	2%	1%
Frankreich	29%	15%	4%	41%	7%	1%	2%
Brasilien	39%	11%	6%	1%	30%	2%	11%
Deutschland	33%	24%	23%	6%	10%	4%	1%
Russland	21%	54%	16%	7%	0%	0%	2%
Indien	25%	6%	44%	1%	21%	1%	1%
EU-28	33%	25%	14%	13%	10%	3%	2%
USA	37%	30%	15%	10%	5%	2%	1%
China	19%	6%	64%	2%	4%	2%	3%
Welt	32%	22%	27%	5%	10%	2%	3%

Abbildung 12, IEA-Aufteilung Primärenergiearten 2017 [%], (e. D.)

Es fällt auf, dass in der Welt meist immer noch Öl und Kohle verbrannt werden, in Russland das Erdgas dominiert, die Energieerzeugung in China, Polen und Indien hauptsächlich von der Kohle abhängt, die Kernenergie in Frankreich und Schweden vorherrscht sowie die Wasserkraft in Norwegen.

Das heißt aber auch, dass große Volkswirtschaften mit einer dominierenden Energieart, diese nicht von jetzt auf nachher abstellen können, nur weil das ökologisch opportun ist. Hier braucht es vernünftige Übergangsfristen (Kraftwerksneubau nach erfolgter Genehmigung: 3 – 8 Jahre nach Auftragserteilung) und bezahlbare Alternativen! Außerdem kann ein Land wie Deutschland mit 2,26%-Anteil an der gesamten Weltenergieerzeugung die Weltökologie nicht retten, selbst wenn es von heute auf morgen komplett auf erneuerbare Energie umstellte.

Im Folgenden wird untersucht, was wir in Deutschland sinnvoll machen können, um der Umwelt zu helfen und die Lebensqualität zu erhalten.

2.7 Die CO2-Entwicklung in Deutschland nach Sparten

Laut Umweltbundesamt (UBA) haben die CO_2-Emissionen (CO_2-Äquivalente [4]) in den vergangenen Jahren überall in Deutschland abgenommen, außer im Verkehr, obwohl viele Lkw und Pkw deutlich weniger Schadstoffe erzeugen als vor 30 Jahren:

(Anmerkung: Abbildung geteilt zur besseren Lesbarkeit!)

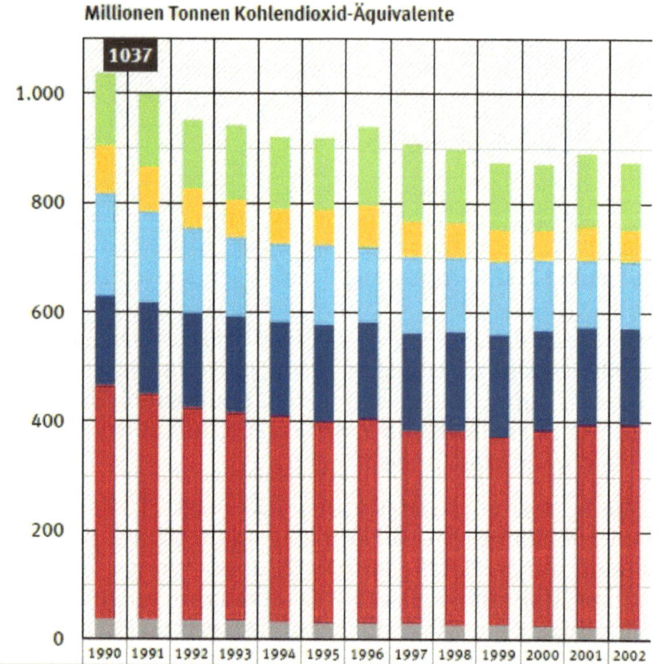

Quelle: Umweltbundesamt, Nationale Trendtabellen für die deutsche Berichterstattung atmosphärischer Emissionen 1990-2017, Stand 01/2019

---

[4] Als Kohlendioxidäquivalent wurde eine Mischung aus CO_2, Methan (CH_4) und Lachgas (N_2O) bezeichnet

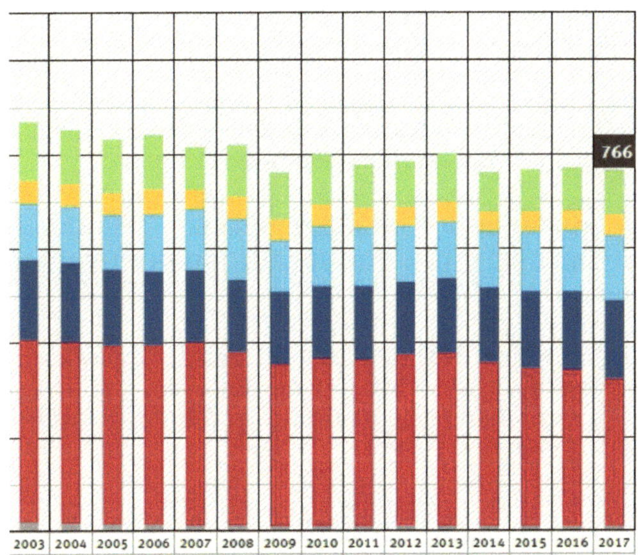

Abbildung 13, atmosphärische Emissionen, CO2-Äquivalente, (UBA)

Seit 1990 gingen in o.g. Tabelle die CO_2-Äquivalente [Mio to] zurück:

- im Haushalt   von 132 auf 93

- in Gewerbe, Handel, Dienstleistung   von 88 auf 46

- in der Industrie   von 187 auf 136

- im Verkehr nicht

- in der Energiewirtschaft   von 427 auf 313

- bei den diffusen Emissionen   von 38 auf 10.

Nur im Verkehr blieben die Emissionen nahezu gleich mit 164 Mio t CO_2-Äquivalente (1990) und 168 (2017). Das heißt, die Verkehrsbelastung mit fossil angetriebenen Verkehrsmitteln stieg in

der Vergangenheit stärker als das Einsparpotential durch Schad-
stoffreduktion.

Die einzelnen Energiearten, mit denen diese CO_2-Belastung erzeugt wurde, werden im Nachfolgenden erläutert:

2.8 AUFTEILUNG ENERGIEQUELLEN/-VERBRAUCH IN DEUTSCHLAND AUF VERSCHIEDENE BEREICHE 2017

Laut Umweltbundesamt (s.u.) teilt sich der Energieverbrauch in
Deutschland 2017 wie folgt auf die Bereiche Verkehr, Gewerbe,
Handel, Dienstleistungen, Haushalte und Industrie auf:

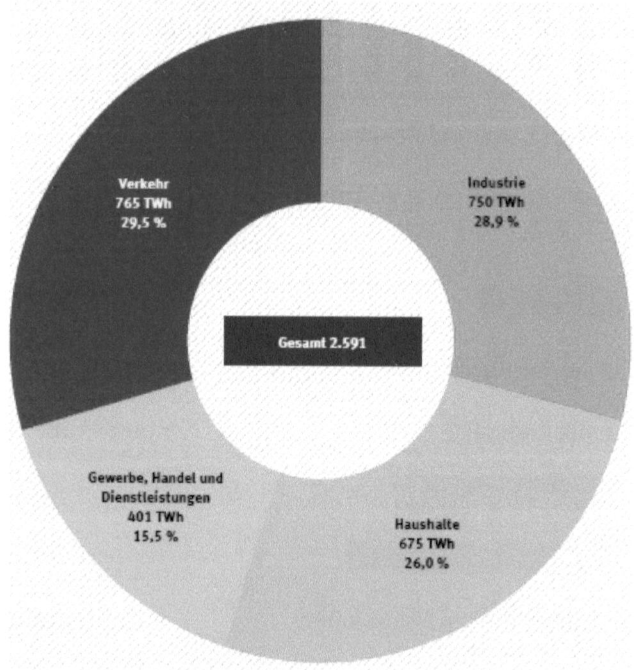

Abbildung 14, Energieverbrauch Deutschland 2017 (UBA)

O.g. Bereiche sind in den nachfolgenden Grafiken weiter aufge-
schlüsselt:

2.8.1   Energieverbrauch Verkehr

Der Energieverbrauch im Verkehr teilt sich auf folgende Aus-
gangsprodukte/-energiearten auf:

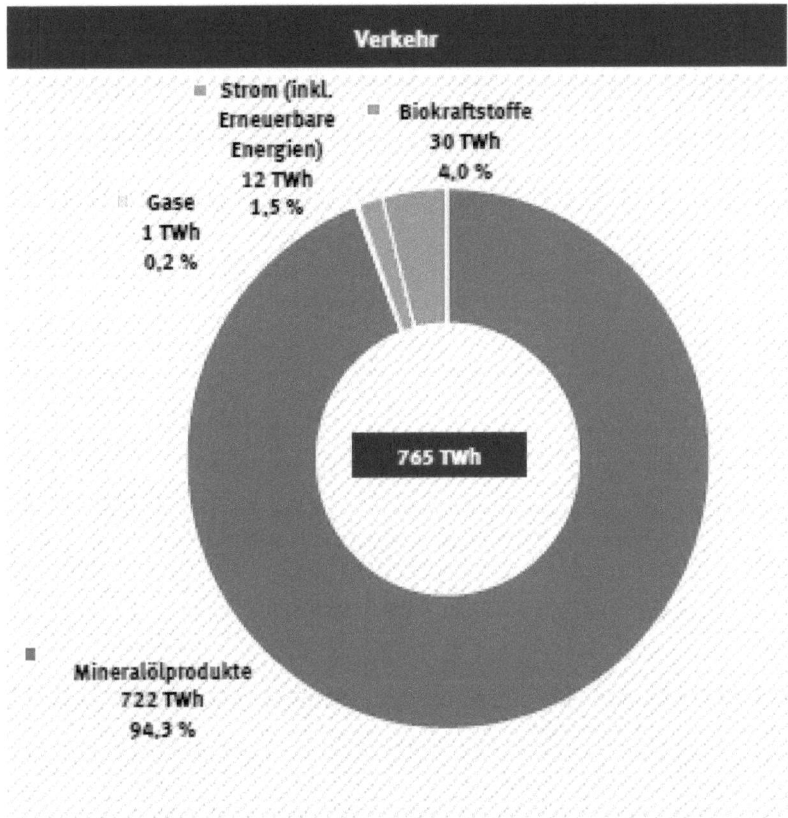

Abbildung 15, Energieverbrauch Verkehr 2017 (UBA)

O.g. Produkte werden laut der Arbeitsgemeinschaft Energiebi-
lanzen (AGE) [8] zu nahezu 98% in mechanische Energie, hauptsächlich in Straßenfahrzeugen, umgesetzt. Die restlichen 2% sind

strombetriebene Verkehrsmittel, also ausschließlich Bahnen. Daher wird bei den weiteren Betrachtungen Abbildung 15, Energieverbrauch Verkehr 2017, dahingehend vereinfacht, dass 98% dem Straßenverkehr und 2% dem Bahnstrom, erzeugt in Kraftwerken, zugeordnet werden:

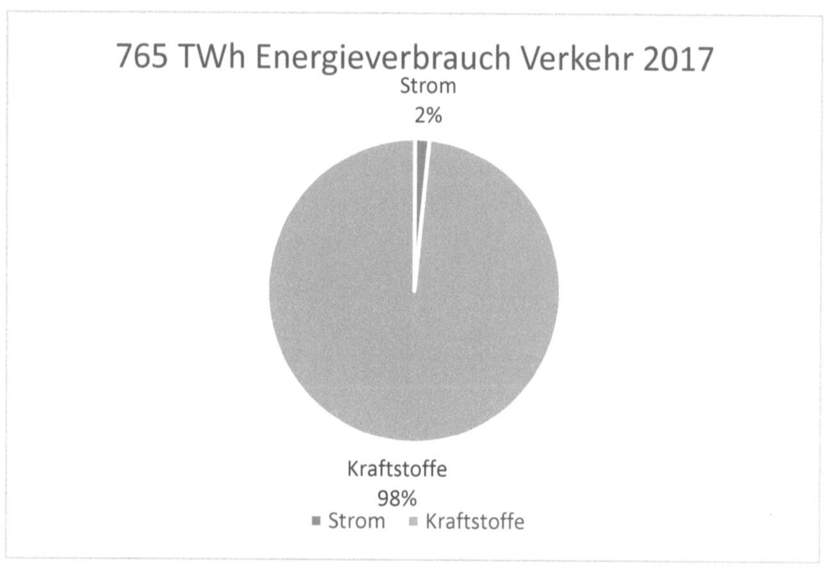

Abbildung 16, Hauptenergieverbrauch Verkehr, (e. D.)

2.8.2   Energieverbrauch Industrie

Der Energieverbrauch in der Industrie ist aufgeteilt auf folgende Energiearten:

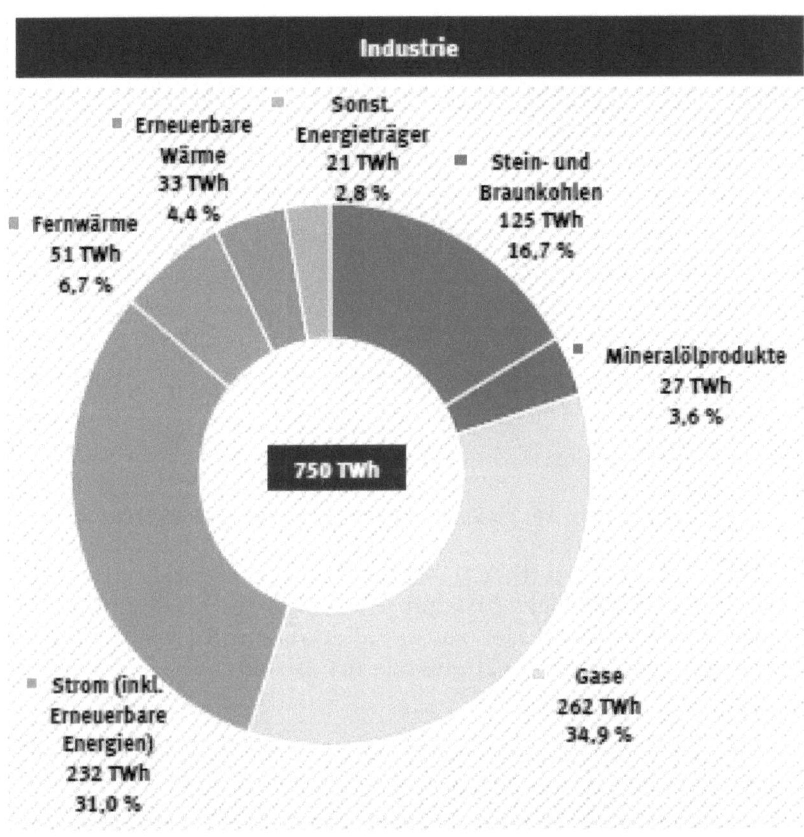

Abbildung 17, Energieverbrauch Industrie 2017 (UBA)

Nach AGE [9] werden folgende Anwendungen damit versorgt:

- Prozess- und Heizwärme

- Strom (zur Bereitstellung mechanischer Energie, für Kälteprozesse, Beleuchtung und IT)

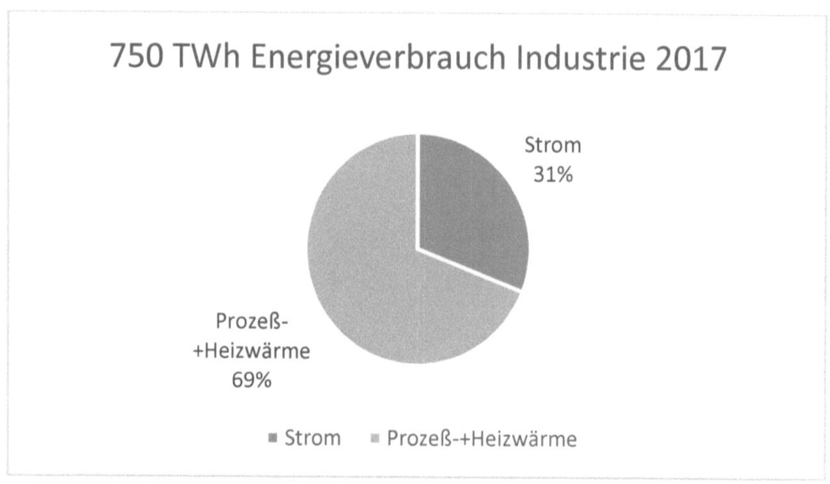

Abbildung 18, Hauptenergieverbrauch Industrie, (e. D.)

Seit 1990 gingen die CO_2-Äquivalente in der Industrie von 187 Mt auf 136 Mt zurück. Dies hat zum einen mit einer Effizienzsteigerung bei den Prozessen zu tun, aber auch mit Produktionsverlagerungen der Grundstoffindustrie ins Ausland.

Die Heizwärme in der Industrie wird mit Fernwärme, erneuerbarer Wärme und sonstigen Energieträgern erzeugt. Um die Energiekosten niedrig zu halten ist die Industrie stets bemüht, die Effizienz von Heizanlagen und das Wärmemanagement von Gebäuden auf dem neuesten Stand zu halten.

Die Prozesswärme spielt im Wesentlichen eine Rolle in der Chemie- und Bauindustrie sowie der Metallverarbeitung. Als Heizmaterial werden Kohle, Gase und Mineralöle verwendet. Wegen der boomenden Konjunktur der vergangenen Jahre sind die Energieverbräuche für Prozesswärme laut AGE in den letzten Jahren von 1647 PJ (2014) auf 1794 PJ (2017) leicht angestiegen. Dies wird aufgrund der sich abschwächenden Konjunktur wieder zurückgehen.

Das Thema Strom wird später in Kapitel 3 abgehandelt.

2.8.3 Energieverbrauch Gewerbe, Handel, Dienstleistungen (G-H-D)

Dieser Bereich ist schon recht weit in der CO_2-Reduktion. Seit 1990 gingen laut Umweltbundesamt die CO_2-Äquivalente von 88 Mt auf 46 Mt zurück (s. Abbildung 13, atmosphärische Emissionen, CO2-Äquivalente, (UBA).

Der Energieverbrauch in Gewerbe, Handel und Dienstleistungen ist aufgeteilt auf folgende Energiearten:

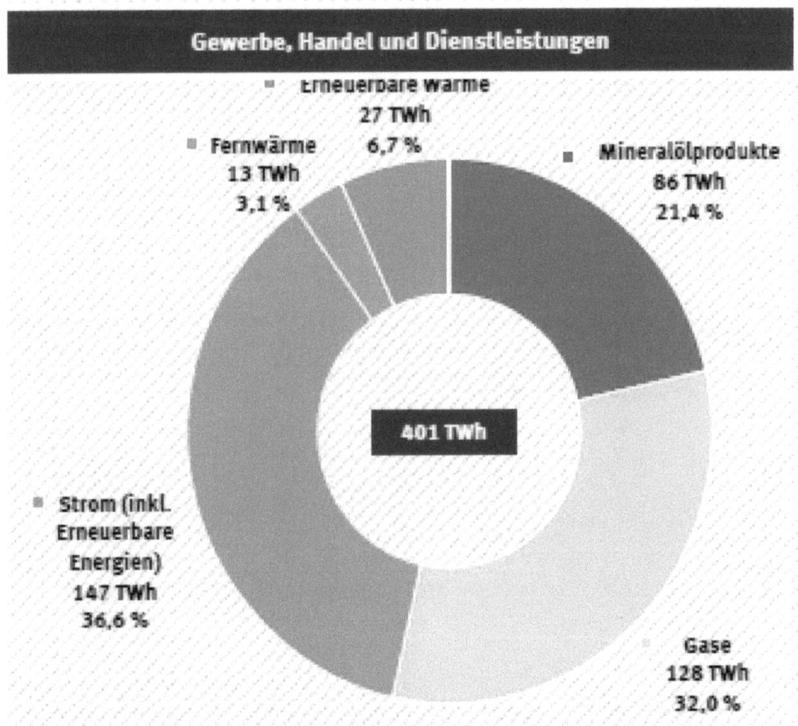

Abbildung 19, Energieverbrauch Gewerbe, Handel, Dienstleistung 2017 (UBA)

Diese teilen sich nach AGE [10] auf folgende Anwendungszwecke auf:

Es dominiert die Heizwärme mit Warmwasseraufbereitung, gefolgt von der Prozesswärme, wobei beide mit den Energieträgern Fernwärme, Erneuerbare Wärme, Mineralölprodukte und Gase erzeugt werden.

Der Rest der Energie wird mit Strom bereitgestellt, wobei dieser für Prozess- und Klimakälte, Beleuchtung sowie Information und Kommunikation verwendet wird.

Somit kommen wir auf folgende Aufteilung zwischen Wärme und Strom:

Abbildung 20, Hauptenergieverbrauch G - H - D 2017, (e. D.)

Energiesparmöglichkeiten ergeben sich durch Nutzung erneuerbarer Energiearten.

2.8.4   Energieverbrauch Haushalte

Der Energieverbrauch in den Haushalten ist aufgeteilt auf folgende Energiearten:

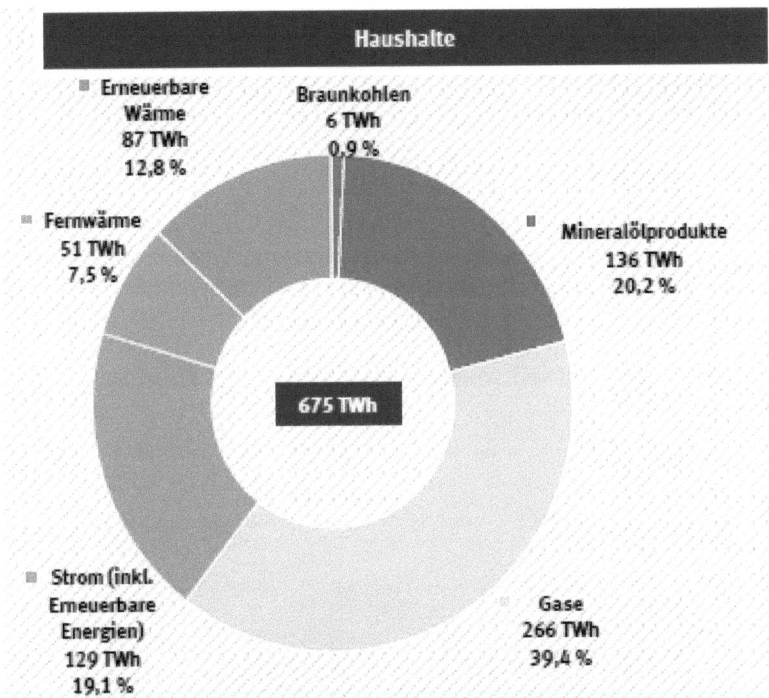

Abbildung 21, Energieverbrauch Haushalte 2017 (UBA)

Trotz gestiegener Anzahl der Haushalte ging die CO_2-Belastung seit 1990 von 132 Mt CO_2-Äquivalente auf 93 Mt zurück, weil bereits viele Häuser gut gedämmt, mit erneuerbarer Energie versorgt (Photovoltaik, Solarheizung) wurden oder umweltfreundlichere Heizsysteme erhalten haben.

Die Energiearten im Haushalt teilen sich nach AGE [11] folgendermaßen auf:

1. Es dominiert die Raumheizung und Warmwassererzeugung, die mittels

- Fernwärme
- Erneuerbarer Wärme
- Braunkohle
- Mineralölprodukten und
- Gasen

erzeugt wird.

2. Strom wird benutzt zur Klimatisierung, Beleuchtung sowie für den Informations- und Kommunikationsbereich.

Damit erhalten wir folgende Aufteilung auf Heizen/Warmwasser und Strom:

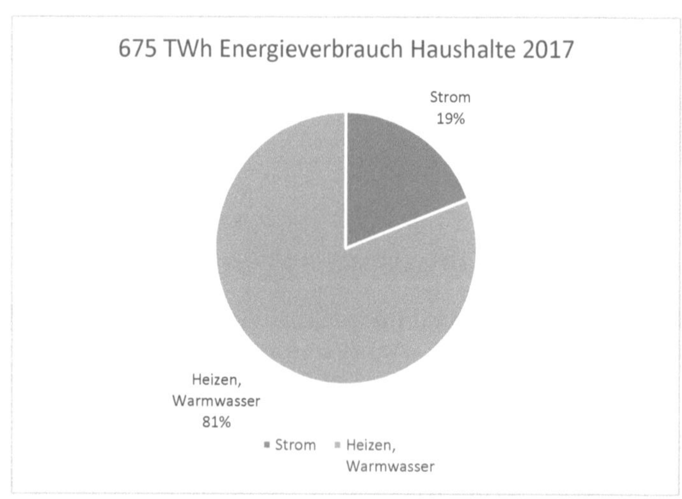

Abbildung 22, Hauptenergieverbrauch Haushalte 2017, (e. D.)

Ein armer Rentner mit seinem ölbeheizten Häuschen auf dem Land wird sich kaum eine Solarheizung leisten können und große

Baugesellschaften, die gerade an das Fernwärmenetz eines Kohlekraftwerkes angeschlossen wurden, werden kaum ohne Not auf andere Heizsysteme umstellen, solange es noch Fernheizungen gibt. Man sollte zurzeit nur, z.B. bei Neubauten, umweltfreundliche Gas- oder erneuerbare Energieheizungen empfehlen, wo dies für die Wärmebezieher wirtschaftlich darstellbar ist.

Eine generelle Empfehlung, welche weiteren Maßnahmen zur Energieeinsparung/Schadstoffreduktion getroffen werden sollten, hängt ab von der zukünftigen Energiepolitik.

Zusammengefasst ergibt sich für den Energieverbrauch in Deutschland folgende Aufteilung in Strom und Wärme:

2.8.5 Aufteilung Energieverbrauch[5] Strom-Wärme

Energieverbrauch 2017	[TWh]
Industriestrom	232
GHD-Strom	147
Haushaltstrom	129
Verkehrsstrom	12
Summe Strom	520
Industriewärme	518
G-H-D-Wärme	254
Haushaltswärme	546
Kraftstoffe	753

Abbildung 23, Energieverbrauch 2017 nach Anwendungsarten, (e. D.)

Zur besseren Übersicht ist Abbildung 23 hier nochmals in Balkenform dargestellt, um die Gewichtung zwischen Stromverbrauch (Summe Strom), den Wärmeanwendungen in Industrie, Gewerbe,

---

[5] GHD oder G-H-D in der Tabelle: Gewerbe, Handel, Dienstleistungen (GHD)

Handel und Dienstleistungen sowie dem Kraftstoffverbrauch im Verkehr zu verdeutlichen:

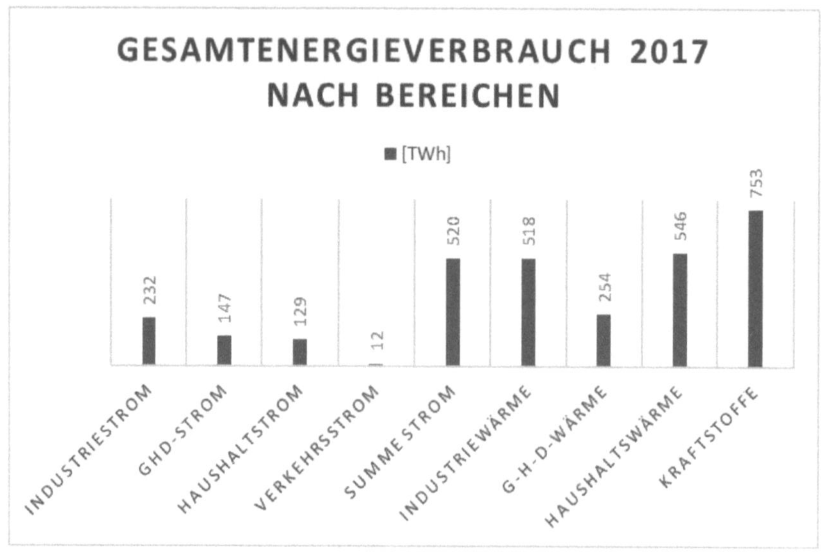

Abbildung 24, Energieverbrauch 2017 nach Anwendungsarten, (e. D.)

Das heißt, die in Deutschland bereitgestellte Energie wird benötigt für

a. Stromerzeugung mit Verteilung an Industrie, GHD, Transport (Bahn) und Haushalte
b. Prozesswärme für thermische Verfahren (Stahlerzeugung, Metallurgie, Raffinerien etc.)
c. Heizwärme für Industrie, GHD und Haushalte
d. Straßenverkehr mit Kraftstoffen

LITERATURVERZEICHNIS

[4]   https://www.hanswernersinn.de/sites/default/fi-les/2008_PWP9_Gruenes_Paradoxon.pdf

[5] http://www.bpb.de/nachschlagen/zahlen-undfakten/glo-balisierung/52699/bevoelkerungsentwicklung

[6] http://www.bpb.de/nachschlagen/zahlen-und-fakten/glo-balisierung/52702/bevoelkerung-nachregionen

[7] https://www.iea.org/data-and-statistics

[8] https://www.rwi-essen.de/media/content/pages/publika-tionen/rwi-projektberichte/ageb_anwendungsbi-lanz_2016_2017.pdf

[9] https://ag-energiebilanzen.de/index.php?article_id=8&ar-chiv=5&year=2019

[10]https://ag-energiebilanzen.de/index.php?article_id=8&

archiv=5&year=2019

[11] https://www.rwi-essen.de/media/content/pages/publika-tionen/rwi-projektberichte/ageb_anwendungs-bilanz_2016_2017.pdf

3. KRAFTWERKE IN DEUTSCHLAND

Das Umweltbundesamt hat 2019 eine Karte erstellt, die alle zum Betrieb bereitstehenden Kraftwerksblöcke >100 MW in Deutschland umfasst. Die gesamte Karte ist auf der folgenden Seite dargestellt, die einzelnen Kraftwerkssymbole dort werden hier auf einem vergrößerten Ausschnitt erläutert, da die gesamte Karte wohl zu klein ist, um Einzelheiten zu erkennen:

1. Es sind nur Kraftwerke oder Kraftwerksparks über 100 MW Leistung dargestellt
2. Die installierte Leistung jedes Kraftwerks oder Kraftwerksparks ist im Kreis angezeigt (s. 1. Symbol oben links, Größenvergleich 300 MW)
3. Die einzelnen Kraftwerksarten sind mit ihrem Farbcode bezeichnet (s. Rechtecke)
4. Es dominiert schon heute die Windkraft (hellblau, s. Farbcode)
5. Erzeugt ein Kraftwerk zusätzlich Fernwärme, ist der Kreis schwarz umrandet
6. Zusätzlich zu den einzelnen Windparks hellblau) ist noch einmal neben dem Ländersymbol die im jeweiligen Bundesland installierte Windleistung angegeben.
7. Die Windleistung von Schleswig-Holstein und Hamburg ist unter ‚SH‘ zusammengefasst.

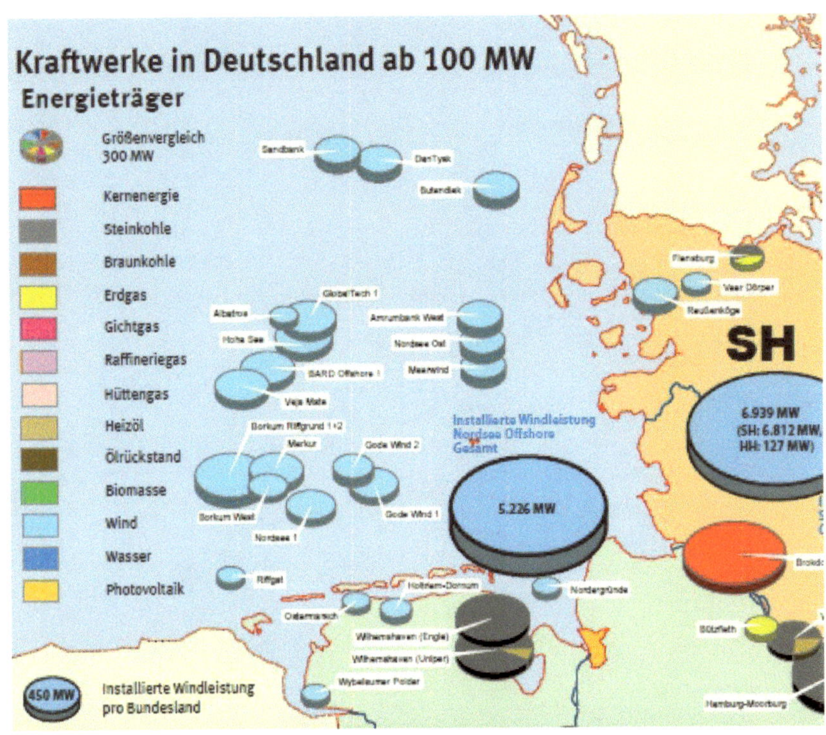

Abbildung 25, Kraftwerkskarte 2019, Kartenausschnitt mit Symbolen (UBA)

Abbildung 26, Kraftwerkskarte 2019, Überblick Gesamtdeutschland (UBA)

Fasst man die Leistungen all dieser Kraftwerke nach ihrer Erzeugungsart zusammen, erhält man die installierte Kraftwerksleistung in Deutschland im Jahr 2019:

3.1   INSTALLIERTE KRAFTWERKSLEISTUNG IN DEUTSCHLAND 2019

Aus dem oben aufgeführten Kraftwerkspark wurden im Jahre 2019 laut Bundesnetzagentur folgende Kraftwerkskapazitäten betriebsfähig vorgehalten bzw. zur Energieerzeugung eingesetzt:

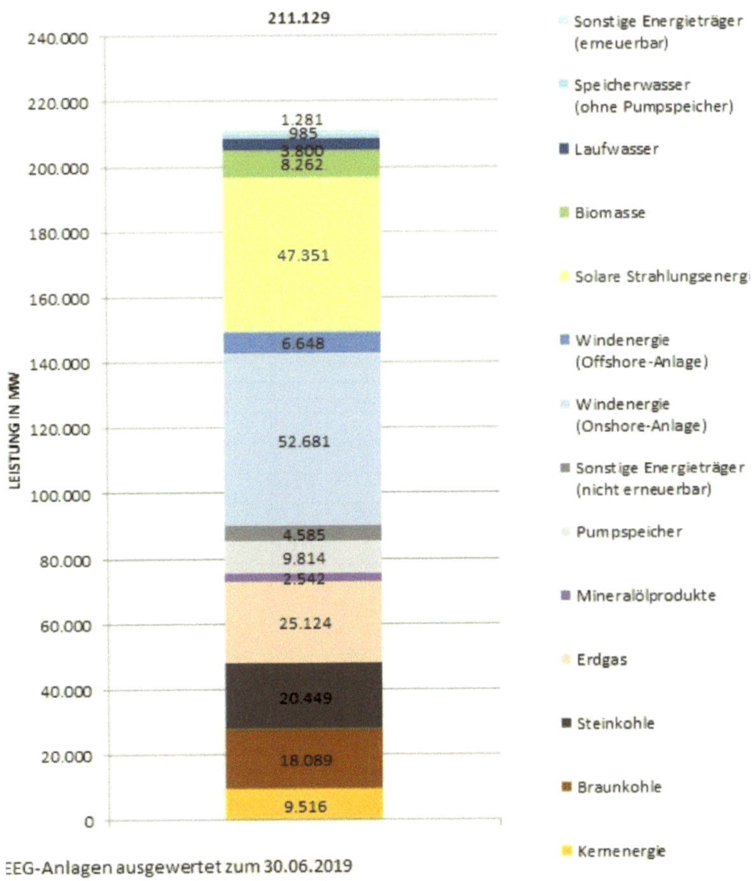

Abbildung 27, Installierte Kraftwerksleistung Deutschland Nov. 2019 (Bundesnetzagentur (BNA))

Dabei muss der Kraftwerkspark so aufgestellt sein, dass auch bei Ausfall oder Wartung mehrerer Einheiten immer die gesamte angeforderte Energie bereitgestellt werden kann. Deshalb hat der Kraftwerkspark (Alle Kraftwerke) bis heute eine Überkapazität von mehr als dem doppelten der maximal erforderlichen Spitzenleistung von zurzeit ca. 90 000 MW oder 90 GW.

Nachfolgende Tabelle zeigt o.g. Kraftwerkskapazität nach Erzeugungsarten, aufgeteilt in erneuerbare, nicht erneuerbare Energie und die zukünftig nicht mehr verfügbaren Kern- und Kohlekraftwerke, letztere mit einem erheblichen Teil von Fernwärme[6], der dann auch wegfällt.

Die Pumpspeicherkraftwerke wurden beiden Erzeugungsarten (erneuerbar/nicht erneuerbar) zugeteilt, weil diese ohne anderweitig erzeugten Pumpstrom zum Wiederauffüllen des Oberbeckens nicht arbeitsfähig sind.

	Alle Kraftwerke		Erneuerbar	Nicht erneuerbar	Zukunft
	[MW]		[MW]	[MW]	[MW]
Kernergie	9516		-	9516	-
Braunkohle	18089		-	18089	-
Steinkohle	20449		-	20449	-
Erdgas	25124		-	25124	25124
Mineralöl	2542		-	2542	2542
Pumpspeicher	9814		9814	9814	9814
Sonst. Fossil	4585		-	4585	4585
Wind onshore	52681		52681	-	-
Wind offshore	6648		6648	-	-
Solarstrahlung	47351		47351	-	-
Biomasse	8262		8262	-	8262
Laufwasser	3800		3800	-	3800
Speicherwasser	985		985	-	985
Sonst. Erneuerbar	1281		1281	-	1281
Summe:	211129		130822	90119	56393

Abbildung 28, Kraftwerkspark D 2019 laut BNA, (e. D.)

---

[6] Vgl. Abbildung 26, Kraftwerke mit schwarzer Umrandung, zumeist Braun- und Steinkohlekraftwerke

Da die Verfügbarkeit der Wind- und Solarkraft stark schwankt, ist der Kraftwerkspark zurzeit so aufgestellt (s. Spalte ‚Nicht erneuerbar'), dass auch bei völligem Ausfall der Wind- und Solarkraft die maximal erforderliche Maximallast von ca. 90 GW bis dato immer gewährleistet ist. Die Bundesnetzagentur entscheidet täglich, welche Kraftwerke dem Netz zugeschaltet werden, um die Netzstabilität und Verfügbarkeit zu erhalten.

Allerdings wird es sehr schwierig werden, wenn Kernenergie, Braun- und Steinkohle abgeschaltet werden sowie Wind und Solarenergie fehlen (s. Spalte Zukunft).

Dann sind bei Flaute und Nacht nur noch 56 von 90 GW verfügbar, was sehr wahrscheinlich, ohne Stromzukauf aus dem Ausland, zu Blackouts führen wird.

3.2 ENERGIEERZEUGUNG IN KRAFTWERKEN IN DEUTSCHLAND

Die Energieerzeugung in Kraftwerken muss immer den Momentanbedarf des Netzes abdecken, sonst drohen Stromausfälle, wenn in einer Region nicht mehr geliefert werden kann, sei es durch sturmbedingte Leitungsrisse oder fehlende bzw. aufgrund eines Defektes ausfallende Kraftwerke.

Das Fraunhofer-Institut [12] erstellt seit 2010 übersichtliche Stundenstatistiken über die momentan in Deutschland abgerufene Leistung, siehe nachfolgende Beispiele:

1. Stromerzeugung 2010 mit wenig erneuerbarer Energie
2. Stromerzeugung 2020 mit maximalem und sehr niedrigem Windanteil
3. Stromerzeugung 2020 in Corona-Zeiten beim Lockdown mit niedrigem Bedarf

3.2.1 *Stromerzeugung 2010*

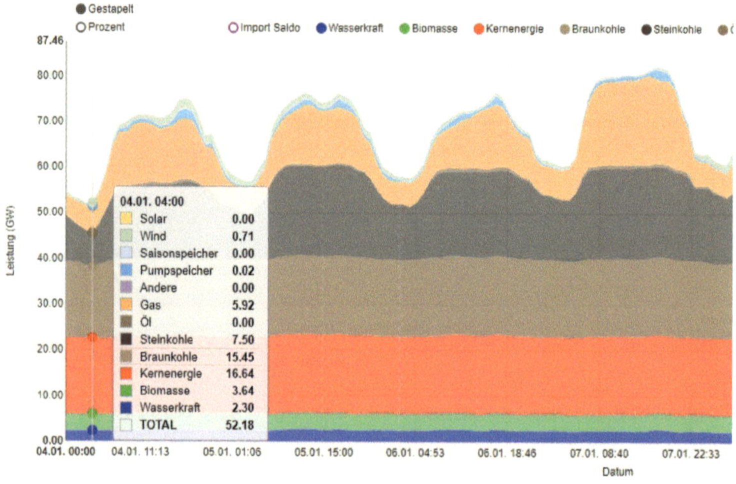

Abbildung 29, Stromerzeugung 4.1.2010, wenig Wind, 52,18 GW (Fraunhofer-Institut)

O.g. Grafik zeigt die stündliche Leistungserzeugung vom 4.1.-7.1.2010.

Im Kasten sind die momentan am 4.1.2010 um 04:00h beteiligten Kraftwerke von oben nach unten gestaffelt (s. Farbcode) aufgeführt, die momentane Gesamtleistung ergibt sich aus der Addition der einzelnen Anteile:

- Solar   0,00 GW (Nacht)
- Wind   0,71 GW (wenig Wind und 2010 wenig ausgebaut)
- Saisonspeicher   0,00 GW (nicht in Betrieb)
- Pumpspeicher   0,02 GW (wenig, fast alle Kraftwerke beim Pumpen)
- Gas   5,92 GW
- Öl   0,00 GW (gerade abgeschaltet)
- Steinkohle   7,50 GW
- Braunkohle   15,45 GW
- Kernenergie   16,64 GW
- Biomasse   3,64 GW
- Wasserkraft   2,30 GW

Summe (4.1.2010, 04:00h):   **52,18 GW**

Es fällt auf, dass Wasserkraft, Biomasse, Kernkraft und Braunkohle fast im ganzen Zeitraum konstante Last fahren (horizontale, gerade Grenzen im Diagramm), die anderen konventionellen Kraftwerke (Steinkohle, Gas, Pumpspeicher) die Netzregelung übernehmen (s. Wellen im Diagramm) sowie Wind und Solar einspeisen, sobald sie etwas liefern können. Die hellblau markierten Pumpspeicherkraftwerke können nur zeitweise arbeiten, da das Betriebswasser regelmäßig wieder nach oben gepumpt werden muss. Solange benötigen sie Energie und fallen für die Leistungsbereitstellung aus.

Etwas anders sieht die Leistungsbilanz dagegen tagsüber aus, am 8.1.2010 um 17:00h:

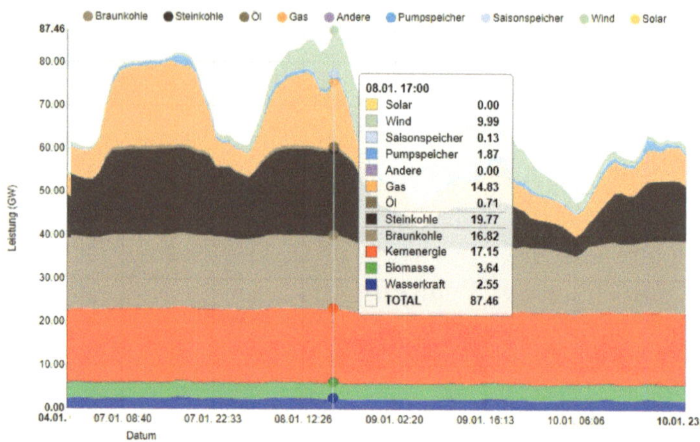

Abbildung 30, Stromerzeugung 8.1.2010, mehr Wind, 87,46 GW (Fraunhofer-Institut)

Die Gesamtleistung ist zur Versorgung der arbeitenden Industrie auf 87,46 GW angestiegen, die Pumpspeicherkraftwerke waren seit der Nacht wieder aufgefüllt und helfen bei der Regelung mit. Wie auch in der Nacht am 4.1.2010 decken Wasserkraft, Biomasse, Kernkraft und Braunkohle wieder die Grundlast mit konstantem (gerade Linie) Kraftwerksbetrieb.

3.2.2 *Stromerzeugung Februar 2020 mit maximalem/minimalem Windanteil*

Der Ausbau der Windkraft schreitet immer weiter voran und soll einmal zusammen mit Solar alle herkömmlichen fossilen oder nuklearen Kraftwerke ersetzen.

Daher ist es interessant einmal zu schauen, ob es möglich

wäre, zumindest zeitweise auf Kohle und Kernenergie zu verzichten, weil vielleicht immer genügend Windkraft zur Verfügung stünde oder nicht.

Immerhin waren laut Bundesnetzagentur am 30.11.2019 (s.Abbildung 28, Kraftwerkspark D 2019 laut BNA, (e. D.)) onshore 52,681 GW und offshore 6,648 GW, also zusammen 59,326 GW an gesamter Windleistung bereitgestellt und warteten auf ihren Einsatz.

Der Februar 2020 zeichnete sich insgesamt durch eine starke Sturmperiode aus, was sich erwartungsgemäß auf die Windleistung auswirken musste.

Wie man in Abbildung 31 sieht nahm in KW6 2020 der Windanteil (s. graue Felder weiter rechts) immer mehr zu, war aber am 7.2.20 um 08:00 h noch mit 4 GW relativ unbedeutend, die Hauptenergie kam von den herkömmlichen Kraftwerken (s. Kasten).

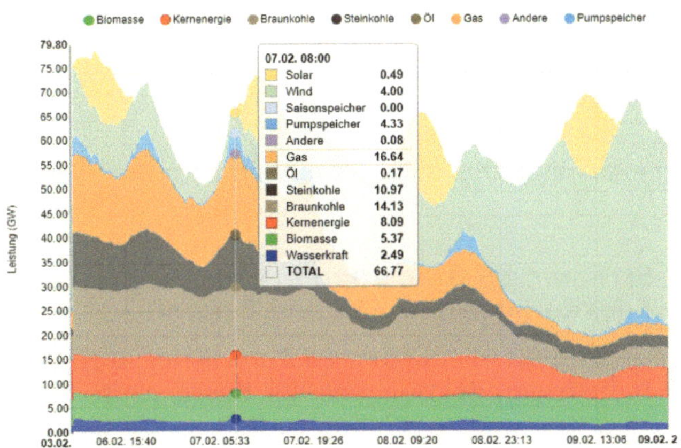

Abbildung 31, Stromerzeugung 7.2.2020, wenig Wind, 66,77 GW (Fraunhofer Institut)

Dies änderte sich allerdings gewaltig in KW8, 2020, in dem Wind und Solarstrom am 18.2.20 um 11:30h zusammen 55,92 GW zum momentanen Gesamtbedarf von 86,06 GW beitrugen (s. Abbildung 32, Stromerzeugung 18.2.2020, max. erneuerbar, 86,06 GW (Fraunhofer Institut)). Trotzdem fehlten immer noch 30,14 GW Leistung, die von herkömmlichen Kraftwerken geliefert werden mussten.

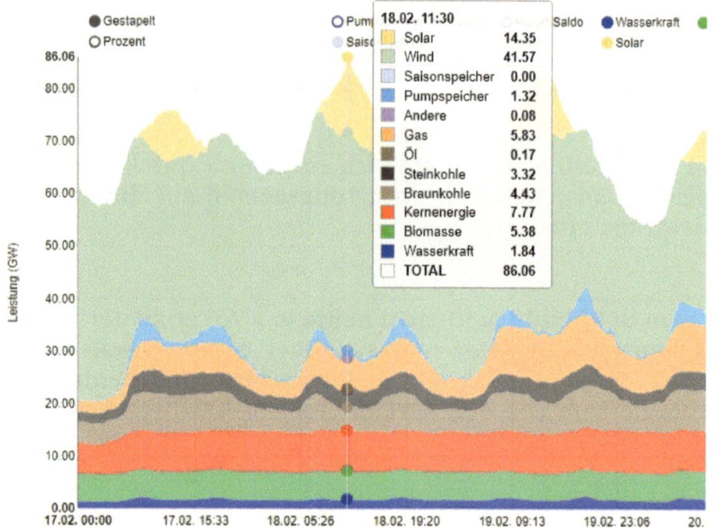

Abbildung 32, Stromerzeugung 18.2.2020, max. erneuerbar, 86,06 GW (Fraunhofer Institut)

Somit ist ein kompletter Verzicht auf herkömmliche Kraftwerke unmöglich.

3.2.3 *Stromerzeugung 2020 in Corona-Zeiten bei Lockdown mit niedrigem Bedarf*

Während des Corona-bedingten Lockdowns im April mit stark reduzierter Industrieproduktion ging der Energieverbrauch deutlich zurück, auf maximal 69,18 GW in KW15 (s. Abbildung 33, Stromerzeugung 6.4.2020, Corona-Flaute, 69,18 GW (Fraunhofer Institut)).

Bei wunderbarem Sonnenschein betrug die momentane solare Einspeisung 33,22 GW und die des Windes 11,87 GW. Aber auch hier hätte die erneuerbare Energie nie ausgereicht, den momentanen Gesamtbedarf zu decken. Besonderheit bei diesem Diagramm: Die ausgeprägten Mittagsspitzen um 12:00 h, der Zeit, in der das Mittagessen gekocht wird. Sind die Industrieunternehmen in Betrieb, sind die Mittagsspitzen etwas breiter, da Produktionsprozesse in der Regel auch mittags weiterlaufen.

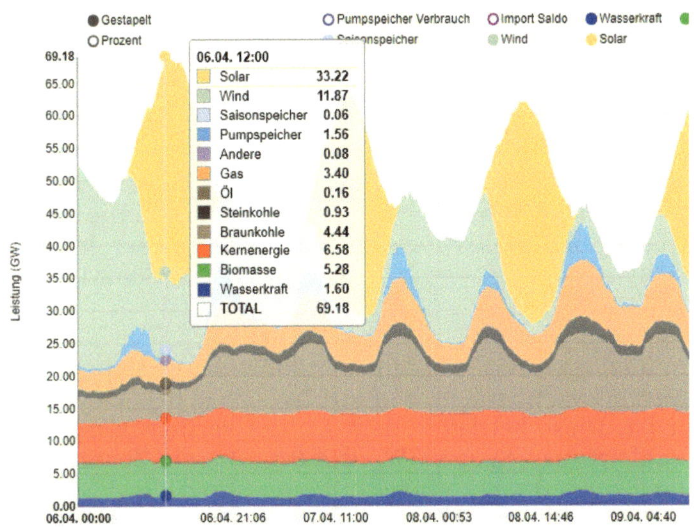

Abbildung 33, Stromerzeugung 6.4.2020, Corona-Flaute, 69,18 GW (Fraunhofer Institut)

3.2.4   *Ergebnis Stromerzeugung 2010 - 2020*

Im Gegensatz zur Situation vor 10 Jahren, wo die permanent benötigte Energie (= Grund- und Mittellast) durch Kern- und Kohlekraftwerke (jedes Kraftwerk erfährt nur geringe Laständerungen) gedeckt wurde, führt der politisch gewollte absolute Vorrang der Wind- und Solarenergie dazu, dass alle konventionellen Kraftwerke permanent die Leistungsschwankungen (siehe Wellen in den Diagrammen von 2020) der Windkraft ausgleichen müssen, was zu erhöhtem Verschleiß, auch bei den Kernkraftwerken, führt.

Obwohl Deutschland sich seit Jahren bemüht, den Anteil an erneuerbaren Energien zu erhöhen, gelangen wir schon jetzt wegen der hohen Volatilität des Windstromes, besonders in Gebieten fernab des Meeres, sowie der Nichtverfügbarkeit des Solarstromes in der Nacht, an wirtschaftliche und technische Grenzen (vgl. auch VGB-Studie Windenergie in Deutschland und Europa 2017 [13] bzw. VGB-Studie ‚Stromerzeugung 2018/19‘[14]).

In der Regel beträgt der mögliche Ausnutzungsgrad des Windstromes in Europa ca. 24% der installierten Leistung, wie das in Abbildung 34, Verfügbare Windleistung (VGB-Stromerzeugung 2018/19) gezeigt wird.

Die über das Jahr verteilten schwach grauen Zacken zeigen die tägliche Schwankung des Winddargebotes in Europa. Die darübergelegten farbigen Trendkurven sind Mittelwerte der jeweiligen Jahreserzeugungen 2015 - 2017 (s. Kasten im Diagramm).

Als minimal gesicherte Leistung wird jene Leistung bezeichnet, die jederzeit an irgendeinem Standort in Europa bei Schwachwind verfügbar ist. Diese beträgt zurzeit 5% der verfügbaren europäischen Nennleistung von 170 GW, also 8,5 GW, ein Zehntel der in Deutschland benötigten Leistung. In Deutschland allein ist das weniger, wie z.B. Abbildung 31 zeigt mit einem Windstromanteil von 4 GW, an einem willkürlich ausgewählten Schwachlasttag.

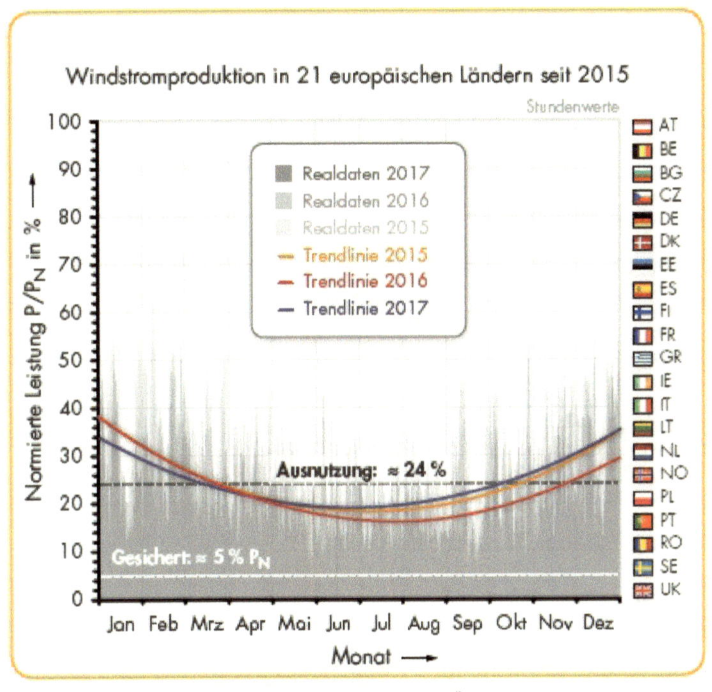

Abbildung 34, Verfügbare Windleistung (VGB-Stromerzeugung 2018/19)

Nach Abbildung 35 betrug der minimale Windanteil im Jahr 2017 Pmin = 158 MW bzw. 0,158 GW, im Jahr 2018 Pmin = 229 MW bzw. 0,229 GW [13].

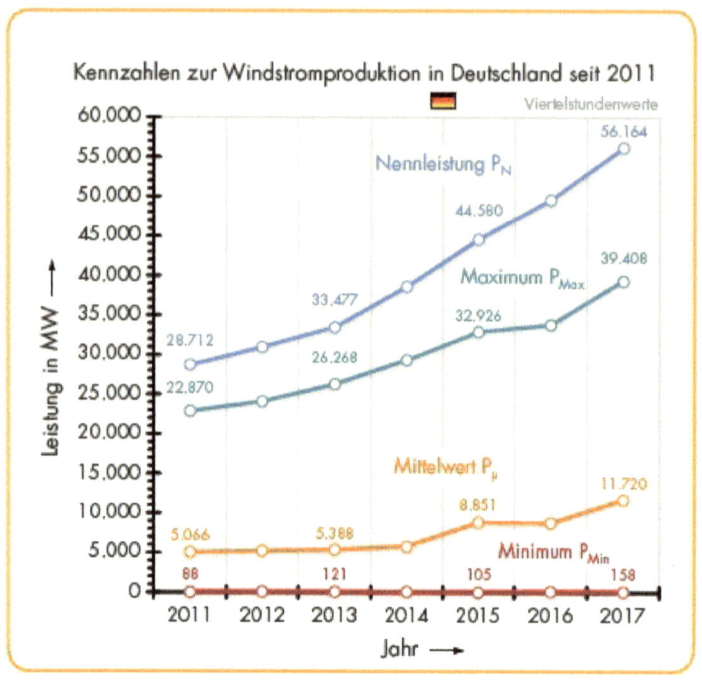

Abbildung 35, Wind-Leistungsverteilung 2011 – 2017 (VGB-Stromerzeugung 2018/19)

So ist die verfügbare Nennleistung der Windkraft in Deutschland in den Jahren 2011 bis 2017 von P_n:28,7 GW auf 56,2 GW gestiegen (also + 96%), *die maximal erzeugbare Leistung aber nur auf 39,4 GW(2017) bzw. 41,57 GW (02'-2020), bzw. noch schlimmer, bei Flaute eine Minimalerzeugung von wenigen 100 MW vorliegt, was ein dauerhaftes Vorhalten von konventioneller Energie dringend erfordert.*

Deshalb wird die Windkraft nie in der Lage sein, die maximal benötigte Netzleistung (z.B. Februar 2020: 86,06 GW) zu erreichen. Die Windkraft bleibt mit ihrem Mittelwert $P_μ$ weit unter dem Bedarf und erreicht bei Schwachwind nur 0,28% der Nennleistung, das waren 2017 gerade einmal 0,158 GW. Auch ein weiterer Ausbau des europäischen Stromnetzes wird daran nichts ändern, wie in [13] detailliert nachgewiesen wird.

Fazit: Für eine gesicherte Stromversorgung sind Wind- und Solarkraftwerke allein nicht geeignet!

Frage: Kann man die zeitweise verfügbare Überschussleistung (Wind-/Solarkraftwerke) durch Speichertechnologien (Pumpspeicherkraftwerke, Batterien etc.) erhöhen, um sie dann zu nutzen, wenn sie gebraucht wird?

3.3 SPEICHERTECHNOLOGIEN

Der wissenschaftliche Dienst des Deutschen Bundestages hat die Einsatzmöglichkeit von Kurz- und Langzeitspeichern untersucht und kam zu folgender Aussage zu deren möglicher Speicherkapazität [15]:

Speichertyp / Einsatz	Entladezeit	Speicherart	Maximale Speicherkapazität [kWh]
Kurzzeitspeicher: Netzstabilisierung/ Netzaufrechterhaltung	< 1 Sekunde bis wenige Minuten	**Spulen SMES**	30
		Kondensatoren/ Super Caps	52
		Schwungmasse- speicher	5.000
Langzeitspeicher: Spitzenbedarfsdeckung	2-24 Stunden	**Druckluftspeicher**	580.000
		Pumpspeicher	8.500.000
Elektro-chemische Speicher:	1 Stunde bis mehrere Tage	**Lithium-Ionen Akkus**	100
		Redox-Flow- Batterie	5.000
		Blei-Säure Akkus	40.000
Wasserstoff (noch nicht marktreif)		**Druckbehälter**	unbegrenzt

Abbildung 36, Kapazitäten verschiedener Stromspeicher, (e. D.)

Unter den bisher auf dem Markt verfügbaren Großspeichern für Kraftwerke sind aus Kapazitäts- und Speicherzeitgründen nur die Pumpspeicherkraftwerke (PSW) interessant, weshalb sich diese Untersuchung zunächst darauf beschränkt. Pumpspeicherkraftwerke fördern das vorhandene Wasser aus einem unteren Speicherbecken bei Stromüberschuss in ein höhergelegenes Oberbecken. Bei Strommangel fließt das Wasser wieder bergab und treibt Turbinen zur Stromerzeugung. Nachfolgendes Bild zeigt ein Foto der Anlage Hohenwarte und den PSW-Bedarf bei langer Windflaute:

Abbildung 37, Herausforderungen der Energiespeicherung (VGB)

Zurzeit beträgt die installierte Leistung unserer 36 Pumpspeicher-Kraftwerke 6565 MW (Wikipedia), mit Kraftwerksleistungen von 1060 MW (PSW Goldisthal) bis hin zu 0,65 MW (PSW Elbele). Würde man bei Flaute die gesamte fehlende Windleistung mit PSW abdecken wollen (Herleitung s. im Bild oben) benötigte man z.B. 10000 zusätzliche Kraftwerke mit einer Leistung von je 320 MW [16]. Dies ist weder technisch (zu wenig Gegenden mit für PSW ausreichendem Wasserdargebot und hinlänglicher Topografie für Fallhöhen ≥ 100 m) noch finanziell (hohe Investitionskosten) sowie genehmigungstechnisch (niemand will Natureingriffe in bergigem Gelände) möglich. Die alternative Speicherung von Wasserstoff aus der Hydrolyse oder anderen Verfahren macht zurzeit großtechnisch noch keinen Sinn, da die Energieverluste der zugeführten Energie zu hoch sind, wenn man die Umwandlungsenergie aus fossilen oder nuklearen Brennstoffen bezieht. Dann nutzt man besser diese Brennstoffe direkt. Möglicherweise ändert sich dies, wenn die Umwandlungsenergie direkt aus den erneuerbaren Energien bezogen werden kann. (vgl. auch [4] Buch von Hans Werner Sinn, Ifo-Institut, ‚das grüne Paradoxon').

3.4 DERZEITIGE VERSORGUNGSSICHERHEIT IN DEUTSCHLAND

Bereits jetzt laufen zahlreiche thermische Kraftwerke in Schwachlast parallel zu den Windkraftwerken, um jederzeit bei Windausfall die Nachfrage verzögerungsfrei, ohne Netzausfall, decken zu können. Dies ist auch mit ein Grund für die hohen Strompreise (vgl. Kapitel 5.1 Nicht konkurrenzfähige Stromkosten), da parallellaufende Kraftwerke doppelte Fixkosten (Lohn, Brennstoff für Standby-Betrieb, erhöhten Wartungsaufwand und Verschleiß wegen unstetem Betrieb) erzeugen.

Zusätzlich verlassen wir uns auf den europäischen Stromverbund, bei dem wir nötigenfalls Atomstrom aus Frankreich bzw. Kohlestrom aus Polen beziehen können. Den werden wir aber nur dann bekommen, wenn unsere europäischen Partner ihn selbst entweder nicht brauchen bzw. bei uns höhere Erlöse erzielen.

Noch sind wir Stromexporteur aufgrund eines ausreichenden Leistungsüberschusses und Kraftwerksreserven. Wenn aber erst einmal die Kohlekraftwerke (38,5 GW im Jahr 2019, s. Abbildung 28, Kraftwerkspark D 2019 laut BNA, (e. D.) und die Kernkraftwerke (9,5 GW in 2019, dito) abgeschaltet sind, verfügen wir nur über 56 GW (vgl. Abbildung 28) der notwendigen Erzeugung von 86 GW. Dann muss Strom entweder teuer zugekauft oder Netzbereiche, wie in der 3.Welt, zeitweise abgeschaltet werden. Wenn in den nächsten 3 Jahren (2020 – 23) 7 weitere Großkraftwerke abgeschaltet werden drohen laut Uniper-Vorstand Schierenbeck größere Blackouts (Welt-Interview vom 9.3.2020).

Man sieht, daß ohne zusätzliche thermische Kraftwerke die Lichter ausgehen würden, da in keinem Fall die Wind- und Solarenergie ausreicht den Bedarf zu decken (s.o.).

3.5 CO₂-Randbedingungen bei der Stromerzeugung

Wie oben erläutert, wird es mit den bisherigen Technologien nicht gelingen, den gesamten Strombedarf mit grüner Energie zu decken und somit 100% CO_2 einzusparen. Wir sollten aber anstreben, in Zukunft möglichst wenige, aber dann auch schadstoffärmere, fossile Kraftwerke zu betreiben.

Die derzeitige CO_2-Bilanz von Kraftwerken sieht laut Wikipedia wie folgt aus:

Braunkohlekraftwerke stoßen mit 850–1200 g CO_2 pro kWh mehr Kohlendioxid aus als Steinkohlekraftwerke mit 750–1100 g CO_2 pro kWh. Damit liegt der Ausstoß von Kohlekraftwerken deutlich höher als der der ebenfalls fossil betriebenen Gas- oder **G**as **u**nd **D**ampfkraftwerke (GuD), die 400–550 g pro kWh emittieren. Die neueren Braun- und Steinkohlekraftwerke liegen mit ihren CO_2-Emissionen eher an bzw. unter der o.a. unteren Grenze der o.g. Emissionsspanne. Das ändert aber nichts an der grundsätzlichen Aussage, dass Kohlekraftwerke schmutziger als Gaskraftwerke und diese schmutziger als Kernkraftwerke sind. Bei Einsatz aktueller Technik, wie z. B. im Gas-Kraftwerk Irsching, beträgt dieser Ausstoß nur 330 g CO_2 pro kWh. Noch deutlich geringere Emissionen weisen erneuerbare Energien auf: Während Windenergie und Wasserkraft ca. 10–40 g/kWh Kohlendioxidemission haben, liegt der Wert bei Photovoltaik bei 50–100 g/kWh. Bei der Kernenergie liegt er bei 10–30 g/kWh.

3.6 Natürliche CO₂-Umwandlung in Deutschland und der Welt

Die einfachste Art, CO_2 wieder in Sauerstoff umzuwandeln, ist die weltweite Pflege und Erweiterung der Wälder.

- Hören wir damit auf Wälder zu roden, um neue Wohnungen, Autobahnen und Agrarflächen (Brasilien) zu schaffen.

- Hören wir damit auf Frischholz (außer Bruchholz aus Sturm-schäden oder Dürre) zu verbrennen und dies als CO_2-neutral zu bezeichnen; der Zeitversatz von 70 - 80 Jahren bis zum Neu-wachsen eines Baumes führt zum Anstieg des CO_2-Überhanges, nicht zum Gleichstand.
- Hören wir damit auf, Windkraftwerke in Wälder zu stellen und den Platz dafür zu roden[7].
- Kultivieren und rekultivieren wir neue und alte Waldflächen.

Vergessen wir die vielen Anpreisungen zur Möglichkeit, CO_2-einzufangen, die sogenannte Carbon-Capture-Technologie. Das Einfangen benötigt sehr viel Energie, die für die Energienutzung verloren ist und wirklich dauerhaft dichte Gasspeicher im Gestein gibt es nicht!

Vergessen wir auch die Umwandlung von Kohlenwasserstoffen in andere, energetisch wirksame, chemische Verbindungen, um kein CO_2 zu erzeugen. Zum einen geht dies wieder einher mit Um-wandlungsverlusten und nutzloser CO_2-Erzeugung an der Produk-tionsstätte. Zum anderen verbrennt das Endprodukt dann anders, an anderer Stelle. Das ist auch keine Lösung.

3.7   SINNVOLLE KRAFTWERKSUMSTELLUNG IN DEUTSCHLAND

Bei einem deutschen Anteil von 2,26% am Weltenergiever-brauch mit Großverbrauchern in China, Indien und USA, die am Energiemix so schnell nichts ändern können (China, Indien) oder wollen (USA) macht es keinen Sinn für Deutschland, von einem Tag auf den anderen Null CO_2-Ausstoß anzustreben.

---

[7]Es gibt zurzeit in Rheinland-Pfalz 445, Hessen 430, BaWü 329, By 300, NRW 84 Windkraftwerke im Wald (Welt-Artikel vom 17.8.19). Bei einer Höhe von durchschnittlich 150 m muss ein Kreis von 150 m Radius um jede Anlage frei bleiben. Einzelfläche: $\pi \times R^2 = \pi \times 150^2$ m^2 = A_E = 70685,8 m²; ➜ A_{ges} = (445+430+329+300+84) x A_E;
Die gesamte, gerodete Fläche beträgt: A_{ges} = 112, 249 km², also fast 11 km x 11 km im Quadrat ohne Bäume!

Da es nicht möglich ist, nur grüne Energie einzusetzen, wenn man Stromausfälle vermeiden will, bleibt uns mittelfristig nur

I.   Der Weiterbetrieb und erneute Ausbau der Kernenergie für Grund- und Mittellast
II.   Die Nutzung von Kombi-, Gas- und Pumpspeicherkraftwerken für die Abdeckung des Spitzenbedarfes, wenn erneuerbare Energie (Wind, Solar) nicht zur Verfügung steht.

Bis die Kernkraftwerke wieder so weit sind, die modernen Öl-, Braun- und Steinkohlekraftwerke vollständig zu ersetzen, müssen letztere weiter genutzt werden, auch um die erforderliche Wärmeenergie für Fernheizungen bereitzustellen.

Zusätzlich muss die Erforschung der Kernfusion und die Erprobung der Dual Fluid Technologie weiter vorangetrieben werden, um langfristig Energie erzeugen zu können. Die Dual-Fluid-Nukleartechnologie kann den Abfall der alten Kernkraftwerke verwerten und in weniger aktive Abfallstoffe umwandeln.

Der deutsche Ausstieg aus der Kernkraft, wegen des Unglückes in Fukushima (Japan), war ein gravierender Fehler. Fukushima versagte, weil die Nebenanlagen, Netztransformatoren und Kühlwasserpumpen nicht tsunamisicher installiert waren und so aufgrund des Tsunami ausfielen. Unglücke wie in Fukushima können bei uns, wegen 3-facher Redundanz der Sicherheitssysteme und einem erdbebensicheren Anlagenkonzept nicht passieren. Wurden bei uns seinerzeit solche Fehlermöglichkeiten festgestellt, so wie beim KKW Mühlheim-Kärlich bei Koblenz, bei dem Reaktor und Nebenanlagengebäude links und rechts von einer Erdbebenfalte standen, wurde das Kraftwerk stillgelegt.

Alle anderen Länder der Welt einschließlich Japan (Unfall Fukushima) und Ukraine (Unfall Tschernobyl) sind bereits dabei ihre Kernkraftkapazitäten auszubauen:

Laut [14] VGB-Studie ‚Stromerzeugung 2018/2019 werden (Stand: 2018) 57 neue Kernkraftwerksblöcke gebaut und rund 200 weitere sind in Planung mit vorgesehener Inbetriebnahme bis 2030. Nur bei uns sollen demnächst alle Kernkraftwerke abgeschaltet werden.

Nachfolgende Grafik zeigt weltweit die vorhandenen, in Bau befindlichen und geplanten Neubauten bzw. Stilllegungen von Kernkraftwerken:

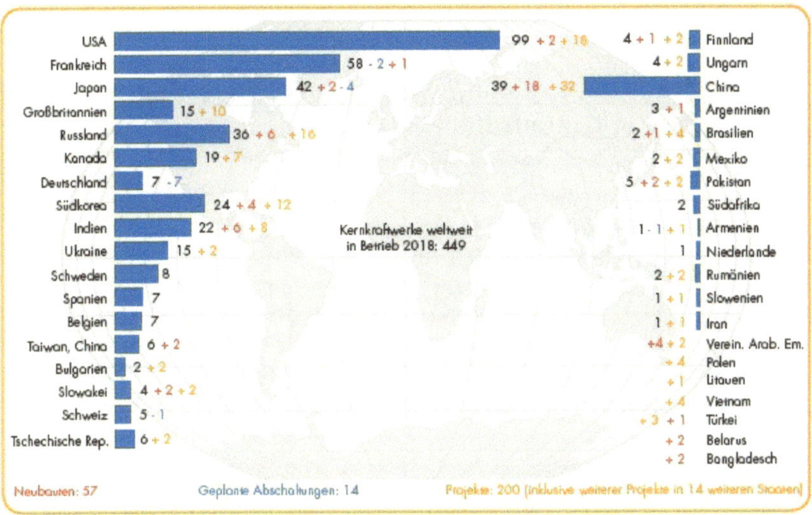

Abbildung 38, Kernkraftwerke weltweit 2018 (VGB)

Wenn wir Industriestandort bleiben wollen, brauchen wir eine gesicherte Energieversorgung mit Nuklear- und Gas-, sowie vorübergehend, Öl- und Kohlekraftwerken!

LITERATURVERZEICHNIS

[12] www.energy-charts.de

[13]https://www.vgb.org/studie_windenergie_deutsch-land_europa_teil2.html?dfid=93715

[14]https://www.vgb.org/daten_stromerzeu-gung.html?dfid=93254

[15] Vor- und Nachteile verschiedener Energiespeichersys-teme; Dt. Bundestag; Aktenzeichen: WD 8 - 3000 - 032/14

[16]   https://www.vgb.org/studie_windenergie_deutsch-land_europa_teil1.html?dfid=84458

4. ENERGIEWENDE IM VERKEHR

4.1 EINLEITUNG

Der Verkehr in Deutschland ist geprägt durch ein gefühltes Übergewicht des Straßenverkehrs, der zu

- Lärm- und Schadstoffbelastung
- Zeitverlust durch Staus
- Verlust an Lebensqualität

führt.

Der nachfolgende Beitrag untersucht, wie und ob Belastungen und Zeitverlust durch ein besseres Konzept verringert und dadurch die Lebensqualität angehoben werden kann.

4.2 ENERGIEVERBRAUCH, FAHRLEISTUNG UND SCHADSTOFFBELASTUNG IM VERKEHR HEUTE

4.2.1 Allgemeine Übersicht

Hierbei leistet der Verkehr den größten Beitrag mit 765 TWh oder 29,5% vom Gesamtenergieverbrauch.

Der Energieverbrauch im Verkehr teilt sich wiederum auf in:

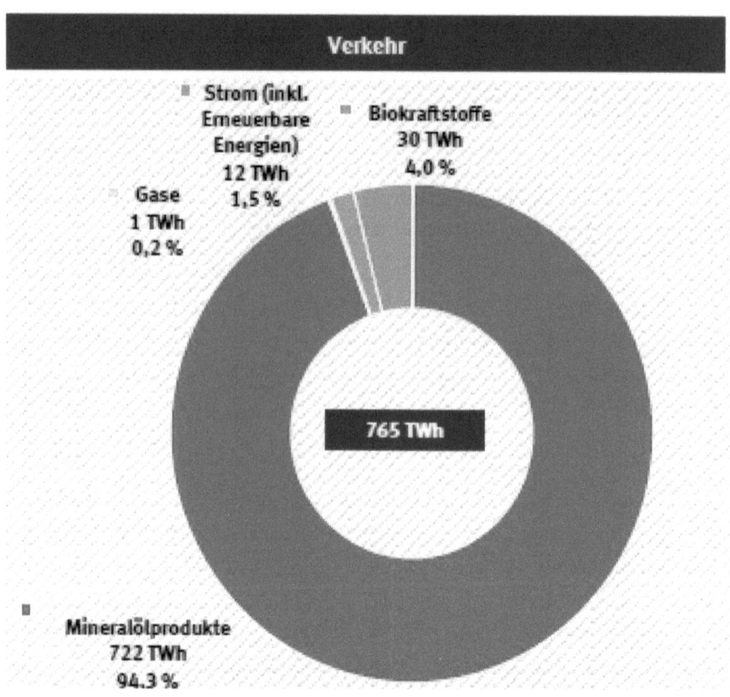

Abbildung 39, Energieverbrauch im Verkehr 2017 (UBA)

Dies bedeutet, dass im Verkehr der höchste Energieverbrauch mit 722 TWh (94,3%) von der Verbrennung von Mineralöl im Straßen-, Schiffs- und Flugverkehr sowie einem kleinen Anteil bei Dieselloks herrührt, der Stromverbrauch von 12 TWh (1,5%) ausschließlich der Deutschen Bahn mit ihren E-Antrieben zuzuordnen ist.

4.2.2   Verkehrsleistung nach Transportarten

Die Gesamtfahrleistung in Deutschland von 1991 bis 2017 zeigt folgendes Diagramm des Bundesministeriums für Verkehr und digitale Infrastruktur (BMVI) mit 574 Milliarden km (1991) bis 756 Milliarden km (2017):

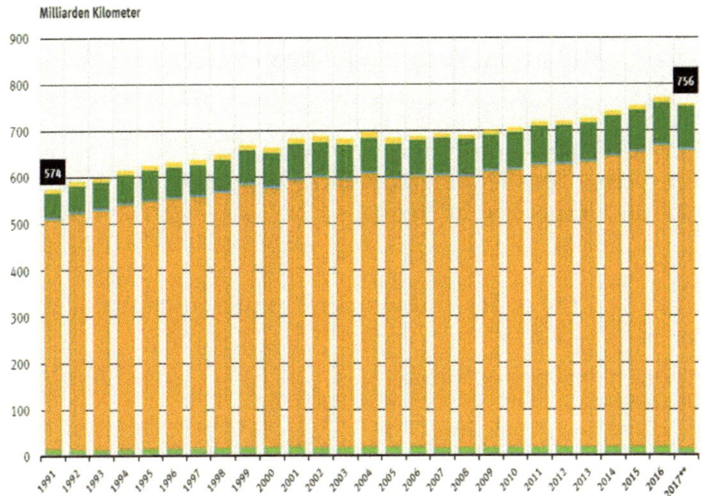

Abbildung 40, Gesamtfahrleistung nach Kfz-Arten (BMVI)

Das heißt, die gefahrenen Kilometer auf der Straße teilen sich auf (von unten nach oben) in:

- Mopeds und Motorräder (hellgrün)
- Pkws und Kombis (ockerfarben), wobei die Kombis sowohl privat als auch zum Gütertransport genutzt werden,
- Busse (blau)
- Lkws und Sattelzüge (grün),
- Sonstige Kraftfahrzeuge (gelb).

Dabei machen Pkws und Kombis den Hauptanteil der gefahrenen Kilometer auf deutschen Straßen aus.

Ähnliches gilt für die Aufteilung der transportierten Personen auf die einzelnen Verkehrsträger (s. Abbildung 41, Personenverkehr nach Verkehrsträgern) mit 875 Milliarden Personenkilometer 1991 und 1195 Milliarden Personenkilometer 2017:

Es dominiert der motorisierte Individualverkehr (lila), gefolgt vom öffentlichen Straßenpersonenverkehr (ocker), der Eisenbahn (gelb) und dem Luftverkehr (blau).

Bis jetzt bevorzugt der Individualreisende eindeutig den eigenen Pkw.

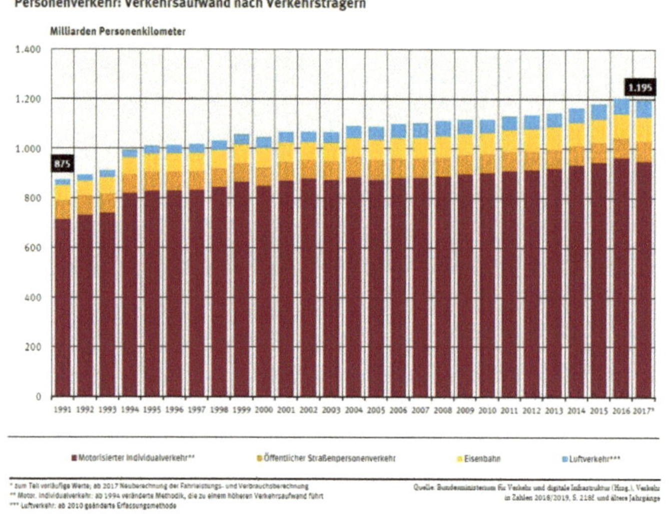

Abbildung 41, Personenverkehr nach Verkehrsträgern (BMVI)

Ähnliches gilt für den Güterverkehr mit 400 Milliarden tkm in 1991 und 696 Milliarden tkm 2017, wo der Hauptteil der Güter auf der Straße (lila), 1/4 davon auf der Bahn (gelb), 1/6 auf dem Binnenschiff (blau) und der Rest per Pipeline bzw. Flugzeug befördert wird:

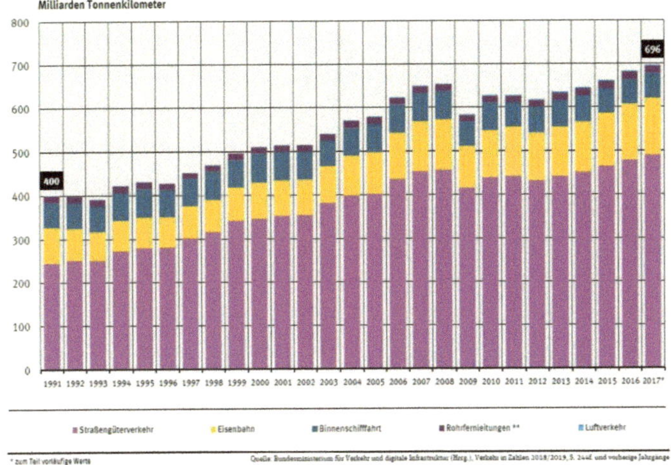

Abbildung 42, Güterverkehrsleistung nach Verkehrsträgern (BMVI)

Das heißt, die höchste Transportleistung im Personenverkehr stammt vom motorisierten Individualverkehr, die höchste Transportleistung im Güterverkehr fällt auf die Straße mit Lkws und Transportern.

Im Vergleich der absoluten Zahlen (Quelle: Stat. Bundesamt) sieht die Warenbeförderungsleistung (ohne Anteil Flugtransport, da < 0,5% des Gesamttransportes) aus wie folgt:

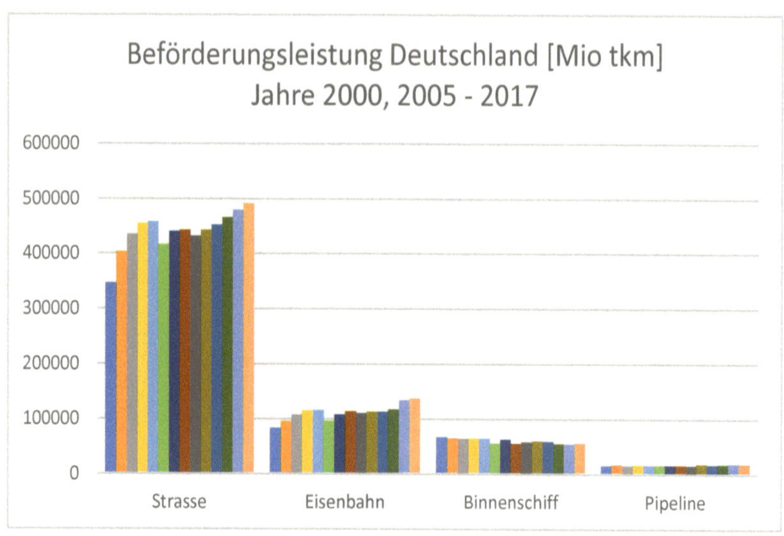

Abbildung 43, Beförderungsleistung D, 2000 – 2017, (e. D.)

Insgesamt hat die Beförderungsleistung von Waren in Deutschland folgende Steigerungsraten, im Vergleich zur Straßenbeförderung des Jahres 2000, erfahren:

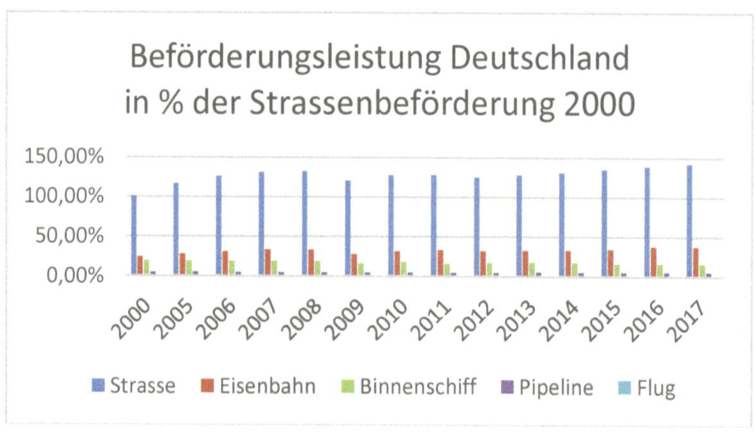

Abbildung 44, Warenbeförderung [%] im Vergleich zur Straße im Jahr 2000, (e. D.)

O.g. Aufstellung zeigt, dass

- Der Straßengüterverkehr überproportional gewachsen ist
- Auf der Schiene zu wenig Waren transportiert werden
- Die Binnenschifffahrt mit ihren großen Möglichkeiten des Massen- und Gefahrgütertransportes sogar Marktanteile verloren hat
- Pipelines nur für Öl- und Gasfernleitungen taugen und dafür genutzt werden
- Flugzeuge nur beim Transport von terminkritischen, teuren Gütern über Langstrecke Sinn machen.

4.2.3 Spezifischer Energieverbrauch im Verkehr

Zu den in Kapitel 2.7 aufgeführten Emissionen aus dem Verkehr kommt noch erschwerend hinzu, dass die Energie hauptsächlich dort verbraucht wird, wo der spezifische Energieverbrauch besonders hoch ist, nämlich auf der Straße:

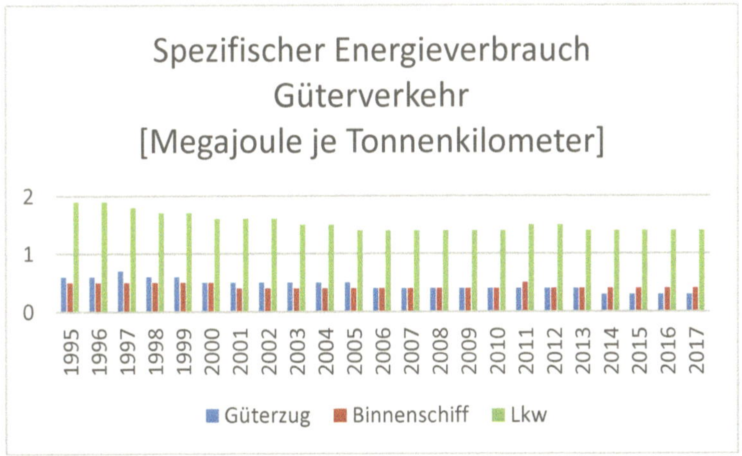

Abbildung 45, spezifischer Energieverbrauch Güterverkehr, UBA, (e. .)

So ist der spezifische Energieverbrauch beim Transport auf der Straße heute im Schnitt

- 4,7-mal höher als auf der Schiene
- 3,5-mal höher als auf dem Binnenschiff.

Wir leisten uns also den Luxus, Güter mit den emissions- und verbrauchsstärksten Fahrzeugen zu befördern, mit leichten Transportern und Lkws.

4.3 KAPAZITÄTSGRENZE DES STRAßENNETZES ERREICHT

Eine Steigerung des Verkehrs auf der Straße ist kaum noch möglich, wie die Staubilanz der letzten 8 Jahre auf Autobahnen sowie der Zeitverlust in Städten zeigt:

Anzahl der Staus auf deutschen Strassen (Quelle: ADAC)			
Jahr			Stauanzahl
2010			185.000
2011			189.000
2012			285.000
2013			415.000
2014			475.000
2015			568.000
2016			694.000
2017			723.000
2018			745.000

Abbildung 46, Staus auf Autobahnen, ((e. D.))

Verbrachte Staustunden/Jahr in Städten			
Stadt			**Stunden**
Stuttgart			84
Köln			80
Hamburg			78
Frankfurt/Main			78
München			76
Berlin			73
Ruhrgebiet West (Duisburg-Essen)			66
Düsseldorf			65
Bremen			58
Ruhrgebiet Ost (Bochum-Dortmund)			56

Abbildung 47, Staus in Städten, ((e. D.))

Das heißt, bei 220 Arbeitstagen/a steht ein Pendler in Stuttgart jeden Tag 23 Minuten und im Ruhrgebiet Ost 15 Minuten im Stau.

Zudem hat Deutschland nach Japan die **höchste Straßendichte je km²,** das ist die Gesamtstraßenlänge des jeweiligen Landes in km geteilt durch die Landesfläche in km²:

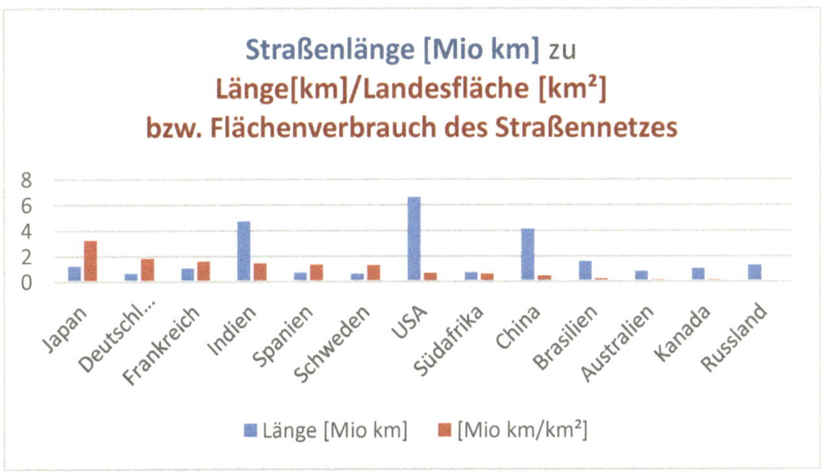

Abbildung 48, Straßenlänge je Landesfläche, (e. D.)

Hierbei ist nur die Straßenlänge berücksichtigt, nicht der zusätzliche Verkehrsraum durch 3 oder 4 Fahrspuren in jeder Richtung. Man sieht, niemand hat so viele Straßenkilometer je Quadratkilometer wie Deutschland und Japan, aber trotzdem sind wir kaum noch in der Lage, den Straßenverkehr zu beherrschen.

<u>Deutschland ist einfach zu klein, um noch mehr Verkehr auf der Straße zu verkraften.</u>

Wenn wir langfristig etwas ändern wollen, müssen wir die Verkehrslast insgesamt reduzieren und auf emissions- und verbrauchstechnisch günstigere Verkehrsmittel (Bahn, Binnenschiffe) verlagern.

Laut Statistik des Kraftfahrtbundesamtes (KBA) waren in den Jahren 2010 bis 2019 Pkws mit folgenden Kraftstoffarten zugelassen:

Bestand an Personenkraftwagen in den Jahren 2010 bis 2019 nach ausgewählten Kraftstoffarten

Jahr (jeweils 1. Januar)	Benzin	Diesel	Flüssiggas (LPG) (einschließlich bivalent)	Erdgas (CNG) (einschließlich bivalent)	Elektro	Hybrid insgesamt	darunter Plug-in	Zum Vergleich: Insgesamt
2010	30.449.617	10.817.769	369.430	68.515	1.588	28.862	-	41.737.627
2011	30.487.578	11.266.644	418.659	71.519	2.307	37.256	-	42.301.563
2012	30.452.019	11.891.375	456.252	74.853	4.541	47.642	-	42.927.647
2013	30.206.472	12.578.950	494.777	76.284	7.114	64.995	X	43.431.124
2014	29.956.296	13.215.190	500.867	79.065	12.156	85.575	X	43.851.230
2015	29.837.614	13.861.404	494.148	81.423	18.948	107.754	X	44.403.124
2016	29.825.223	14.532.426	475.711	80.300	25.502	130.365	X	45.071.209
2017	29.978.635	15.089.392	448.025	77.187	34.022	165.405	20.975	45.803.560
2018	30.451.268	15.225.296	421.283	75.459	53.861	236.710	44.419	46.474.594
2019	31.031.021	15.153.364	395.592	80.776	83.175	341.411	66.997	47.095.784

Abbildung 49; Bestand Pkw (KBA)[8]

In % des Gesamtbestandes ausgedrückt ergibt sich folgendes Bild für Benzin-Diesel-Pkw:

---

[8] Bivalent: Motor umschaltbar auf 2 Kraftstoffarten, z.B. Diesel oder Gas

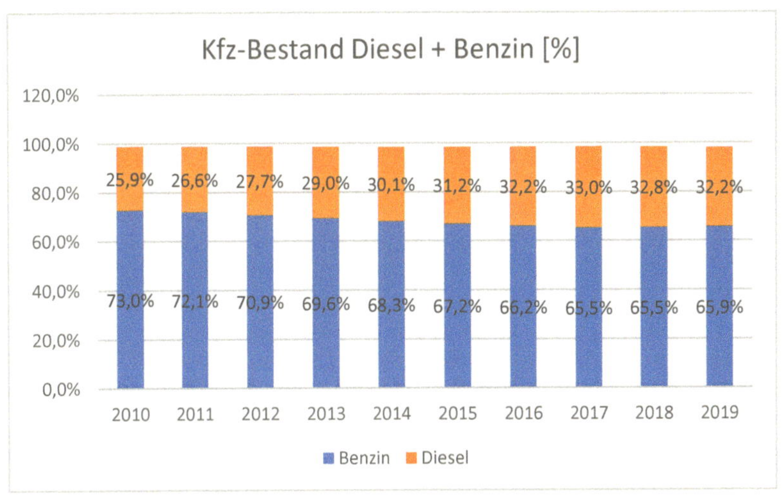

Abbildung 50, Kfz-Bestand (Diesel/Benzin) [%], (e. D.)

Das sind über die Jahre 2010 bis 2019 über 98% des Gesamtbestandes aller Kfz.

Die Gas-, Elektro- und Hybridantriebe machen dagegen bis jetzt nur weniger als 2% am Gesamtbestand aller Kfz aus:

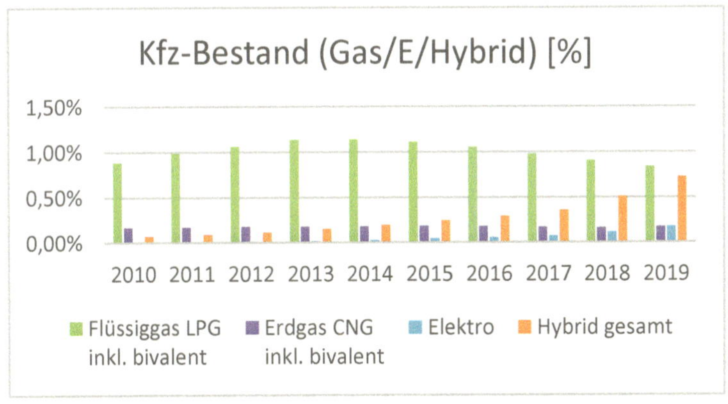

Abbildung 51, Kfz-Bestand Alternativantriebe [%], (e. D.)

Interessanterweise entscheidet sich der Markt aktuell eher für Hybrid statt für reine Elektro-Antriebe.

4.5.1 Spezifische Emissionen laut Umweltbundesamt

Laut Aussage des Umweltbundesamtes (UBA) verringerten sich durch strengere Vorschriften für die Kraftstoffqualität die spezifischen Emissionen an Schwefeldioxid bis zum Jahr 2017 gegenüber dem Ausgangsniveau im Jahr 1995 um rund 98 % (pink) und die von flüchtigen organischen Chemikalien ohne Methan (NMVOC) um etwa 86 % (lila). Die spezifischen Abgasmengen an Stickstoffoxiden sanken im betrachteten Zeitraum um 56 % (blau), die der Feinstaubemissionen um 79 % (grün). Die Kohlendioxid-Emissionen nahmen allerdings nur um 15 % ab (gelb):

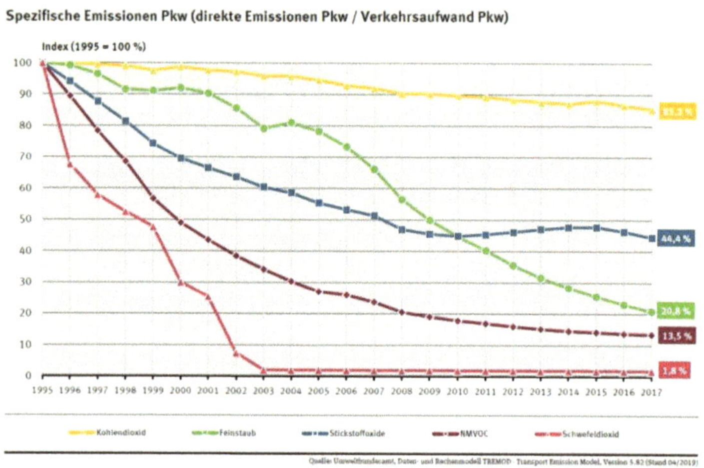

Abbildung 52, spezifische Emissionen Pkw (UBA)

Weiterhin sagt das UBA:

Die Stickstoffoxid-Emissionsminderungen sind überwiegend auf deutliche Verbesserungen bei Benzin-Pkw durch die Einführung des geregelten Katalysators zurückzuführen. Bei Diesel-Pkw konnten die Stickstoffoxid-Emissionen durch technische Fortentwicklungen reduziert werden, sanken aber in der Realität nicht immer entsprechend. Grund sind die Ausnutzung von bisherigen Spielräumen der Gesetzgebung, aber auch der Einsatz so genannter Abschalteinrichtungen, die zu Minderleistung der Abgastechnik beispielsweise bei niedrigeren Temperaturen führten. Durch die erfolgte Fortentwicklung des EU-Rechts ist jedoch auch bei Diesel-Pkw zu erwarten, dass durch wirksamere Abgasnachbehandlung die spezifischen Emissionen zukünftig noch einmal deutlich zurückgehen werden.

4.5.2   Historische Entwicklung Euro 0 – Euro 6d

Ausgelöst durch immer schnellere und drastischere Forderungen der Politik, die Luftschad-stoffe zu reduzieren, kam es seit 2010 zu einem inflationären Verbesserungswettbewerb bei den Umweltvorschriften, denen so mancher Hersteller nicht folgen konnte.

Die nachfolgend aufgeführten Reduktionsstufen wurden vom Gesetzgeber mit immer größerer Geschwindigkeit forciert, obwohl es sehr viel schwerer ist, Reduktionsgrade von mehr als 90% bei allen Schadstoffen in kurzer Zeit noch weiter zu reduzieren, da Feinoptimierung immer schwerer und langwieriger ist als grobe, erste Schritte.

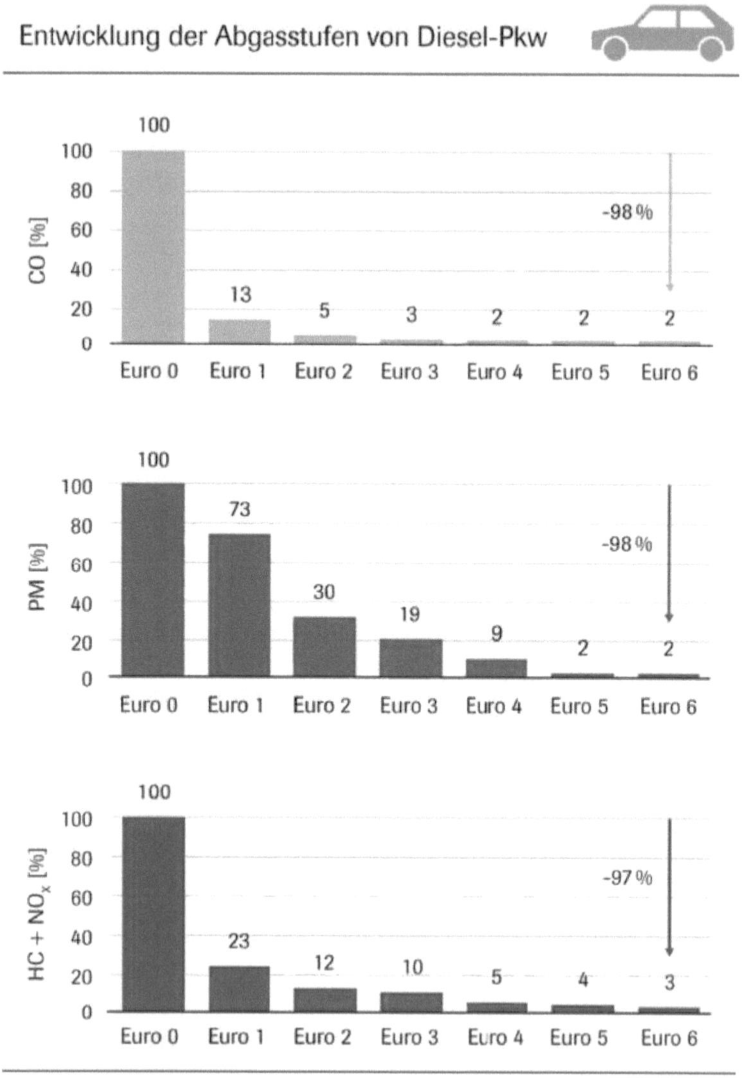

Abbildung 53,Emissionsentwicklung Diesel-Kfz, Euro 0 bis Euro 6 (KIT, IFKM)

So sind die Abgasnormen bis 2010 den Entwicklungszyklen der Fahrzeughersteller (ca. 3 Jahre/Entwicklungszyklus) stets nachgeeilt, danach erfolgten die Normänderungen und die Änderungen der Testbedingungen immer schneller (s. Tabelle).

Auch die Testbedingungen unterlagen einer stetigen Veränderung:

Man fing in Europa mit dem NEFZ (Neuer Europäischer Fahrzyklus) Test an, bei dem auf dem Prüfstand bestimmte Fahrzyklen von 20 min Dauer und einer simulierten Fahrstecke von 11 km nachgebildet wurden.

Danach folgte der WLTC-Testzyklus (Worldwide Harmonized Light Vehicle Test Cycle) bei dem der Prüfstandsaufenthalt 30 min dauerte mit einer simulierten Fahrstrecke von 23,5 km.

Neuerdings wird der WLTC-Zyklus im Realbetrieb auf der Straße gemessen.

Abgasnorm	Kraftstoff	Typgenehmigung Fahrzeug	Jahresabstand zur Vornorm	Testzyklus	Testort
Euro 1	Diesel	01.01.1993		NEFZ	Prüfstand
Euro 2	Diesel	01.01.1997	4,00	NEFZ	Prüfstand
Euro 3	Diesel	01.01.2001	4,00	NEFZ	Prüfstand
Euro 4	Diesel	01.01.2006	5,00	NEFZ	Prüfstand
Euro 5a	Diesel	01.09.2009	3,67	NEFZ	Prüfstand
Euro 5b	Diesel	01.01.2013	3,34	NEFZ	Prüfstand
Euro 6b	Diesel	01.09.2015	2,67	NEFZ	Prüfstand
Euro 6c	Diesel	01.09.2018	3,00	WLTC	Prüfstand
Euro 6d temp	Diesel	01.09.2019	1,00	WLTC	Realbetrieb
Euro 6d	Diesel	01.01.2021	1,34	WLTC	Realbetrieb

Abbildung 54, Normänderungszyklus Diesel-Pkw, (e. D.)

Abgasnorm	Kraftstoff	Typgenehmigung Fahrzeug	Jahresabstand zur Vornorm	Testzyklus	Testort
Euro 1	Benzin	01.01.1993		NEFZ	Prüfstand
Euro 2	Benzin	01.01.1997	4,00	NEFZ	Prüfstand
Euro 3	Benzin	01.01.2001	4,00	NEFZ	Prüfstand
Euro 4	Benzin	01.01.2006	5,00	NEFZ	Prüfstand
Euro 5a	Benzin	01.09.2011	5,67	NEFZ	Prüfstand
Euro 5b	Benzin	nicht für Benziner	-	-	Prüfstand
Euro 6b	Benzin	01.09.2015	4,00	NEFZ	Prüfstand
Euro 6c	Benzin	01.09.2018	3,00	WLTC	Prüfstand
Euro 6d temp	Benzin	01.09.2019	1,00	WLTC	Realbetrieb
Euro 6d	Benzin	01.01.2021	1,34	WLTC	Realbetrieb

Abbildung 55,Normänderungszyklus Benzin-Pkw, (e. D.)

Die immer schnelleren Testveränderungen führten dazu, dass manche Hersteller Fahrzeuge auf den Markt brachten, die die Anforderungen der Normen nicht sofort in allen Punkten erfüllen konnten, wie eine 2016 vom britischen Department of Transport veröffentlichte Studie zeigt, die die seinerzeit gemessenen Abweichungen fast aller Hersteller aufgeführt hat (s. nachfolgende Tabelle):

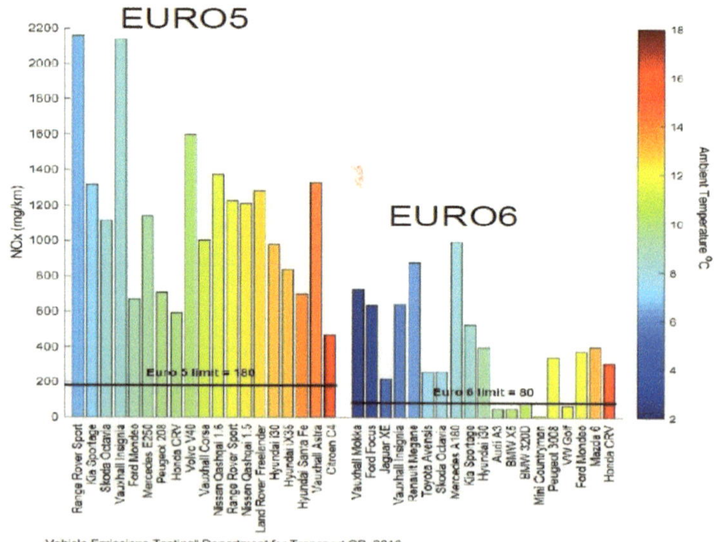

Abbildung 56, Kfz-Emissionen im Realbetrieb (GB-Dept. of Transport)

Und trotzdem zeigt auch diese Tabelle, dass es den Herstellern schon damals gelungen war, die Schadstoffe stetig zu reduzieren (s. deutlich niedere Werte bei Euro 6 gegenüber Euro 5), selbst wenn die festgelegten Grenzwerte nicht immer zum Stichtag erreicht wurden.

Man darf nicht vergessen, dass die größte Reduktionsstufe bei Euro 4 erreicht wurde, mit

- 98 % CO-Reduktion gegenüber Euro 0
- 91 % PM-(Feinstaub-)Partikelreduktion gegenüber Euro 0 und
- 95 % HC und NOx -Reduktion gegenüber Euro 0,

dies alles ohne Energieverlust, Partikelfilter und ohne chemische Zusätze, die bei den späteren Euro-Klassen nach Euro 5 dazukamen.

Hätte man bei Euro 4 aufgehört Schadstoffe weiter reduzieren zu wollen und stattdessen das Verkehrskonzept neu überdacht mit weniger Straßenverkehr, wären die Schadstoffe ausreichend reduziert und der Volkswirtschaft sowie den Unternehmen wäre viel Gesichtsverlust, Schaden und letztendlich unnützer Aufwand erspart geblieben.

Mir ist und bleibt es unverständlich, warum Diesel-Fahrzeuge der Euro 4 – Norm 2003 für 3 Jahre wegen ihres geringen Schadstoffausstoßes von der Kfz-Steuer befreit waren und heute wegen ‚hoher Werte‘ nicht mehr in Umweltzonen wie Stuttgart fahren dürfen, denn deren Schadstoffausstoß ist und bleibt sehr gering (s. oben).

Auf der anderen Seite dürfen Euro 5 Diesel mit nachgerüsteter Software wieder in Umweltzonen einfahren, haben dadurch keinen wirtschaftlichen Schaden können aber wegen des ‚Dieselbetrugs‘ mit ursprünglich manipulierten, vorschriftswidrigen Abgaswerten, hohen Schadenersatz von den Autofirmen einfordern.

Die Fahrer von nachgerüsteten Euro 5 Fahrzeugen haben meist keinen Schaden, da sie weiterfahren dürfen, aber der Euro 4 Fahrer hat 2003 wegen der Umweltfreundlichkeit seines Fahrzeuges eine Kaufentscheidung getroffen und wird für etwas bestraft, wofür weder er noch der Hersteller etwas kann. Das geht so nicht!

Trotzdem haben sich alle Fahrzeughersteller nach dem ‚Dieselskandal' angestrengt und sind heute in der Lage, auch die Vorschriften der EU im realen Fahrbetrieb einzuhalten.

So ist es heute in der letzten Reinigungsstufe (jetzt Euro 6 d oder besser Euro 7, zur Zeit in der Gesetzgebungsphase) gelungen, die NOx-Werte mittels des sogenannten SCR-Katalysators (Selective Catalytic Reduction, s. Grafik des KIT [17]), ND-AGR (Niederdruck Abgasrückführung) und Einspritzen von Harnstoff fast ganz in elementaren Stickstoff und Wasser aufzuspalten:

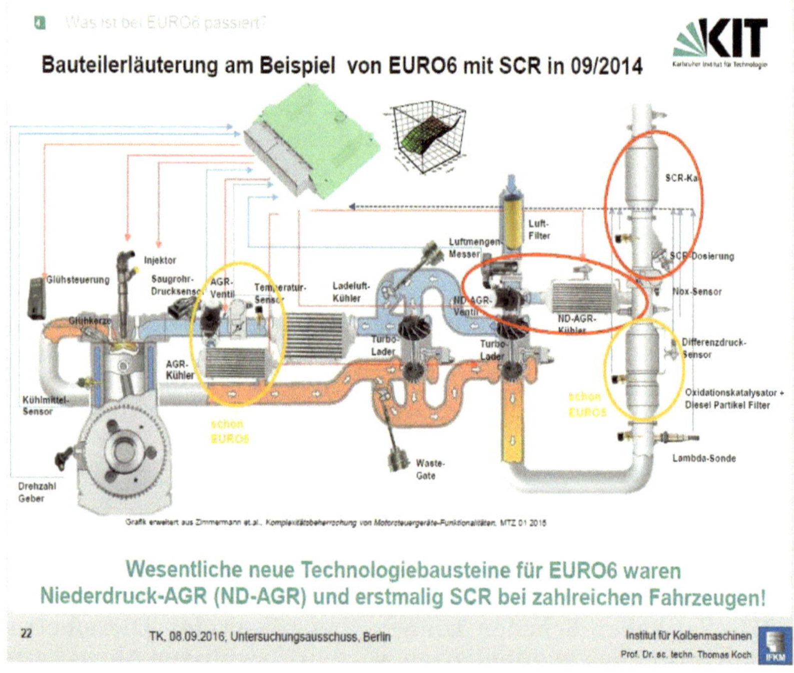

Abbildung 57, Bausteine Abgasreinigung Diesel Euro 6 (rot) [KIT-IFKM]

Bei Euro 6d oder 7 werden jetzt alle Forderungen der EU nach niedrigem Feinstaubgehalt und niedrigen NOx-Werten erfüllt.

Damit das aber funktioniert, muss der ganze Katalysatorstrang in der Kaltphase mit Zusatzenergie aufgeheizt werden, um die erforderliche Reaktionstemperatur zu erreichen. Harnstoff herstellen, beschaffen, einfüllen und Zusatzenergie einsetzen, um letztendlich etwas weniger NOx herauszuholen?

Die Industrie hat mit Euro 6d gezeigt, dass sie bei genügend Zeit auch mit schwierigsten Anforderungen zurechtkommt und jetzt sehr saubere Diesel produziert. Nur ist der Aufwand dafür sehr hoch und der Nutzer darf alle paar tausend Kilometer neuen Harnstoff tanken.

Wir müssen endlich dahin kommen, dass Politiker ihre Wünsche formulieren, dann Fachleute machbare Umweltvorschriften entwerfen, diese den Politikern geduldig erklären und erst danach sachliche Entscheidungen getroffen werden.

Das Motto aus dem Einzelhandel ‚darf es ein bisschen mehr (niedriger Grenzwert) sein' hat bei Umweltvorschriften nichts zu suchen!

4.6.1   Flüssig- oder Erdgas

Eine interessante und kostengünstige Alternative zum Benzin und Dieselantrieb, ggf. auch im Mischbetrieb Benzin-Gas oder Diesel-Gas stellen die LPG- oder CNG-Gasantriebe dar.

Die Hochschule für Technik und Wirtschaft des Saarlandes, Institut Automotive Powertrain, Prof. Dr.-Ing. Thomas Heinze schreibt [18]:

Wegen seiner besonderen Gemischbildungseigenschaften und seiner Klopffestigkeit können Verbrennungsmotoren mit Autogas mit einem hohen Wirkungsgrad und geringen Schadstoffemissionen betrieben werden. Damit ist Autogas dort eine Alternative, wo Dieselfahrzeuge an

NOX-Grenzen oder Direkteinspritzer (DI)-Otto-Benzinfahrzeuge an Partikelgrenzwerte stoßen.

Inwieweit dieses Potenzial real beim Betrieb von EU5/EU6 Pkw genutzt werden kann, wurde mit vergleichenden Emissions-Untersuchungen beim Betrieb gleichartiger Pkw mit Autogas, Diesel und Benzin ermittelt. Hierzu wurden im Auftrag des Deutschen Verbandes Flüssiggas e. V. mit Hilfe eines modernen PEMS-Gerätes (Portable Emissions Measurement System) RDE-Messungen im Fahrtest auf der Straße sowie Messungen im WLTC auf einem Fahrzeugrollenprüfstand durchgeführt. Dies schließt an Untersuchungen des NOX-Emissionsverhaltens von Pkw mit verschiedenen Kraftstoffen vom Januar 2016 an [Heinze / Arndt, 2016].

Die Untersuchung vergleicht Euro-5/Euro-6 (EU5/EU6) -Pkw im Betrieb mit Autogas, Benzin und Diesel. Die Tests erfolgten unter möglichst realitätsnahen Bedingungen bei realen Straßen-

fahrten im Real-Driving-Emissions (RDE)-Betrieb, bei Fahrzeug-rollentests im Worldwide Harmonized Light-Duty Test Cylce (WLTC) und teilweise auch im Neuen Europäischen Fahrzyklus (NEFZ).

Zusammenfassend lassen sich folgende Aussagen treffen:

• Die gemessenen NOX-Emissionen des Dieselfahrzeugs Opel Astra 1.6 CDTi lagen im Durchschnitt aller Tests um einen Faktor 7 oberhalb des zulässigen Grenzwerts und um einen Faktor > 50 höher als bei den Pkw mit Ottomotoren, sowohl im Autogas- als auch im Benzinbetrieb.

• Der LPG-Betrieb reduziert bei Ottomotoren den Partikelaus-stoß bezüglich der Partikelanzahl

(PN) bei Saugrohr- und DI-Einspritzung um 90 - 99 Prozent (RDE und WLTC). Somit können durch den Betrieb mit Autogas insbesondere bei DI-Ottomotoren EU6c-PN-Grenzwerte sicher er-reicht werden.

• Beim Diesel Opel Astra werden Partikel vom Dieselpartikel-filter (DPF) sehr wirksam zurückgehalten. Wenn jedoch bei der RDE-Mittelwertbildung die DPF-Regeneration mitberücksichtigt wird, liegt die PN 3,6-fach höher als bei einem entsprechenden LPG-betriebenen Opel Astra.

• Der CO2-Ausstoß ohne Vorkettenbetrachtung von Ottomoto-ren mit Saugrohr- oder DI-Einspritzung kann durch LPG-Betrieb um 10 - 13 Prozent reduziert werden.

• Der Autogas-betriebene DI-Ottomotor bietet im Vergleich zum Betrieb mit konventionellen Kraftstoffen die folgenden Vor-teile:

o Die Gemischbildungseigenschaften von LPG haben einen deutlich geringeren Ausstoß von Partikelemissionen zur Folge.

o Beim Abgasreinigungssystem kann weiterhin auf den bewährten, kostengünstigen und sehr effektiven Drei-Wege-Katalysator gesetzt werden – ohne dass NOX-Grenzwerte überschritten werden

.

o Autogas besitzt einen geringeren energiespezifischen Kohlenstoffgehalt. Daher ist die CO2-Emission in der Tank-to-Wheel-Betrachtung reduziert.

o Voruntersuchungen [Günther / Pischinger, 2014] [Krieck / Nagel, 2016] haben gezeigt:

Autogas zeichnet sich durch eine hohe Klopffestigkeit und eine geringe Vorentflammungsempfindlichkeit aus. Dies ist die Grundvoraussetzung für eine motorische Wirkungsgradsteigerung – insofern bietet LPG zusätzliches Potenzial zur CO2-Reduktion.

Ergebnis: Eine Umrüstung auf Hybridbetrieb (Benzin oder Diesel + Gas) ist immer dort sinnvoll, wo Partikelemissionen oder NOx-Werte, z.B. in Umweltzonen, reduziert werden müssen.

Dann müssen sich z.B. Handwerker keine neuen Fahrzeuge kaufen.

4.6.2   Wasserstoff

Ein Betrieb des Verbrennungsmotors mit flüssigem Wasserstoff wäre ebenfalls möglich. Inwieweit dies als Hybridlösung möglich wäre, bleibt noch zu prüfen. Auf alle Fälle wäre grün erzeugter Wasserstoff aus der Elektrolyse absolut sauber, da nach der Verbrennung nur Wasserdampf als Reaktionsprodukt vorliegt.

Des Weiteren kann man Brennstoffzellen verwenden, um Strom in Elektroautos direkt zu erzeugen. Allerdings sind das Fahrzeugangebot und die Anzahl der Tankstellen noch recht gering, weshalb hier noch nicht auf diese Lösungsmöglichkeit eingegangen wird. Aber wenn später einmal mehr Wasserstoff mit grüner Energie kostengünstig erzeugt werden kann, wird das Angebot an Brennstoffzellenfahrzeugen und Ladestationen sicherlich schnell wachsen.

Wasserstoff ist der sauberste Energierohstoff, ganz ohne Umweltschäden nutzbar.

Aber bei der Erzeugung, Lagerung und dem Transport bis zum Endverbraucher gibt es Kostenrisiken, Umweltbelastungen bei nicht elektrolytisch erzeugtem Strom und Unfallgefahren, wenn Wasserstoff in großem Umfang von Laien an der Tankstelle gezapft wird.

1. Kostenrisiken
   Egal welcher Strom zur Elektrolyse verwandt wird, so ist immer ein erheblicher Verlust damit verbunden, Energiearten in andere umzuwandeln. Statt aus Wind Strom zu erzeugen und diesen direkt zu verwerten ist die Umwandlung von Windstrom in Wasserstoff und die Rückumwandlung von Wasserstoff in Antriebsenergie verlustreicher, als den Strom direkt zu verwenden. Wasserstofferzeugung und -nutzung muss international konkurrenzfähig werden.

2. Umweltbelastungen
   Aus fossilen Energien erzeugter Wasserstoff ist immer mit höherer Schadstoffbelastung verbunden als der direkte Einsatz von Benzin, Diesel oder Erdgas [19].

Wir benötigen vor dem Großeinsatz von Wasserstoff eine umfangreiche Kosten-, Nutzen- und Risikoanalyse, bevor man die ganze Energiewirtschaft darauf umstellt.

4.7 PKW MIT ELEKTROANTRIEB

4.7.1 Emissionen

Natürlich erzeugt ein Elektroantrieb am Auto selbst keine Emissionen oder Umweltschäden.

Anders sieht es aus

- bei der Rohstoffgewinnung für die Batterien
- der Batterieerzeugung selbst sowie
- der aktuellen Ladestromerzeugung aus fossilen Energien

4.7.2 Rohstoffgewinnung

Ein ZDF-Beitrag vom 9.9.2018 [20] hat sich mit der Gewinnung von Lithium und Kobalt als Basis für die neueste Batterietechnologie beschäftigt und kommt zu folgendem Ergebnis:

Elektroautos gelten als Heilsbringer: umweltfreundlich, sauber, nachhaltig. Doch die Gewinnung der Rohstoffe für die Akkus ist menschenverachtend und umweltschädigend.

Ohne die Metalle Lithium und Kobalt kommt keine moderne Elektroautobatterie aus. Denn sie beide sorgen in der Batterie für eine hohe Energiedichte und eignen sich bestens als Kraftspender für E-Autos. In Zeiten von Klimawandel und Diesel-Gate setzen Verkehrsplaner große Hoffnungen auf Elektromobilität. Und auch die Politik sowie die deutsche Autoindustrie streben an, dass ab 2025 bis zu 20 Millionen Elektrofahrzeuge über Deutschlands Straßen rollen. Doch die Abbaumethoden der begehrten Rohstoffe bleiben verborgen.

Kobalt

Abbildung 58, Kobaltmine in Luswishi, Kongo, (ZDF)

Allein die Automobilindustrie wird im Jahr 2035 nach Schätzungen von CRU Consulting - einem Beratungsunternehmen der Stahlindustrie - rund 122.000 Tonnen Kobalt für Akkus der Elektrofahrzeuge benötigen. Fast zwei Drittel des globalen Bedarfs von Kobalt stammt schon heute aus Bergwerken der Demokratischen Republik Kongo in Afrika (s.o.). Das entspricht einer Menge von 84.400 Tonnen. Ein lohnendes Geschäft für die oft ausländischen Betreiber der Minen. Doch zivilgesellschaftliche Organisationen wie etwa Amnesty International üben zunehmend Kritik an den sozialen Missständen vor Ort und fordern mehr Sorgfaltspflicht von den Abnehmern des begehrten Rohstoffs.

Die Einheimischen sind an den Gewinnen des Kobalt-Geschäfts nicht beteiligt. Um ihrer drückenden Armut zu entgehen, bauen sie das Kobalt illegal und buchstäblich mit den eigenen Händen ab. Im Fachjargon wird das als artisanaler Kobaltbergbau bezeichnet. Dazu graben dieMänner neben ihren Wohnhütten tiefe Stollen ins Erdreich.

Ohne Arbeitsschutzkleidung, nur mit einer Taschenlampe ausgerüstet, hangeln sie sich in die Tiefe. In den engen Gängen wird dann das Kobalterz aus dem Fels gekratzt. Dabei entstehen hochgiftige Stäube, die zu Lungenerkrankungen führen. Die in Säcken abgefüllten Brocken werden allein mit Muskelkraft nach oben gezogen. Ein risikoreiches Unterfangen.

Und wegen der engen Schächte ist Kinderarbeit an der Tagesordnung. Inzwischen hat sich durch den illegalen Bergbau in den Dörfern ein instabiles Untertagelabyrinth gebildet. "Die Arbeit ist extrem gefährlich. Fast jeden Tag gibt es Unfälle, weil die Böden so brüchig sind. Und der Staat unterstützt uns überhaupt nicht", klagt Consolar, ein illegal arbeitender Bergmann. Das im sogenannten Kleinbergbau gewonnene Kobalterz verkaufen die Männer dann an lokale Zwischenhändler in den Abbauregionen. "Wir haben keine Erlaubnis, hier nach Kobalt xzu suchen. Wenn wir das Erz verkauft haben, bestechen wir die Minenaufsicht und die Polizei, dann lassen sie uns in Ruhe", sagt Manuél, der seit drei Jahren in Kolwezi illegal Kobalterz fördert. Von der gesamten im Kongo gewonnenen Menge an Kobalt gelangen 18.000 Tonnen aus meist illegalen Kleinbergwerken auf den Weltmarkt.

Lithium

Aber neben den menschenunwürdigen Bedingungen sorgt der Hunger der Elektromobilität nach dem begehrten Rohstoff noch für ein weiteres Problem, nämlich den Umweltschäden.

Eines der größten Lithium-Vorkommen befindet sich im Norden Chiles - in der Atacama-Wüste. Jährlich werden in Chile etwa 21.000 Tonnen Lithium erzeugt. Dazu pumpen die Minenbesitzer zunächst mineralhaltiges Grundwasser in große, künstlich angelegte Becken. In ihnen wird die Salzlake gezielt zum Verdunsten gebracht. Am Ende bildet sich ein Lithium-Konzentrat heraus, das schließlich zum begehrten Lithium-Karbonat weiterverarbeitet werden kann. Fast 60 Prozent desweltweit gewonnen Lithiums gelangen anhand dieser Produktionsweise aus Chile auf den Weltmarkt.

Fruchtbarer Boden wird nutzloser Sand Doch die Gewinnung in der Atacama wirkt sich direkt auf die Wasserreserven der gesamten Region aus. Denn die Wüste zählt ohnehin zu den trockensten Gebieten der Erde. Die Förderung der Salzlake aus dem Grundwasser führt dazu, dass der Grundwasserspiegel dramatisch absinkt. Dadurch trocknen die Flussläufe aus, Wiesen verdorren und gehen unwiederbringlich verloren.

Abbildung 59, Lithiumgewinnung in Chile (ZDF)

Viele seltene Vogelarten, die dort nisten, sind vom Aussterben bedroht. Biologen der Universität in Santiago beobachten mit Sorge den Zusammenbruch eines gesamten Ökosystems.

Insbesondere die majestätischen Flamingos wird es bald wohl nicht mehr geben. "Die Grundwasserabsenkung hat Auswirkungen auf die kleinen Tiere und Pflanzen, von denen sich die Flamingos ernähren. Und wenn der Andenflamingo ausstirbt, verschwinden auch andere Tiere der Nahrungskette", meint Dr. Matilde López von der Universität Santiago. Und auch auf den einst fruchtbaren Ackerflächen gedeiht nichts mehr. Der fruchtbare Boden verwandelt sich in nutzlosen Sand. Die Bauern, die sich zumeist von den Produkten ihrer Felder ernähren und einen Teil davon auf den Märkten verkaufen, sind erbost: "Ihr am anderen Ende der Welt sollt wissen: Man produziert Lithium und opfert uns. Die Minenbesitzer verdienen Millionen und Abermillionen von Euros. Aber sie opfern Menschen. So ist die Welt nun mal. Und es interessiert niemanden", sagt Kleinbauer Cristian Espidola. Dennoch werden in der Atacama-Wüste immer neue Verdunstungsbecken gebaut. Bis 2025 soll die Lithiumproduktion vervierfacht werden. So werden wohl die Umweltschäden noch weiter zunehmen und sich die Lebensbedingungen für die Menschen zunehmend verschlechtern.

4.7.3   Batterie- und Ladestromerzeugung

Nach einer Studie des IFO-Institutes [20] (*Christoph Buchal, Hans-Dieter Karl und Hans-Werner Sinn*, Kohlemotoren, Windmotoren und Dieselmotoren: Was zeigt die CO_2-Bilanz?*), veröffentlicht im ifo Schnelldienst 8 / 2019 72. Jahrgang 25. April 2019 wird beim Vergleich von herkömmlichen Antrieben mit dem E-Antrieb oft verkannt, welche CO_2-Erzeugung mit der Rohstoffgewinnung, der Batterieproduktion und der Ladestrombereitstellung verbunden ist.

So ergab der Vergleich eines modernen Mercedes C 220 d mit dem neuen Tesla Model 3 einen höheren CO_2-Ausstoß beim Tesla, zumal dann, wenn man, wie in Europa noch lange üblich, den Ladestrom mit fossiler Energie erzeugt.

Einziger Unterschied zum Diesel: Die Schadstoffe treten nicht unmittelbar am Auto aus, sondern am Ort ihrer Erzeugung.

4.7.4   Recyclen der alten Batterien

Es gibt noch kein praxiserprobtes Verfahren, wie man verbrauchte Lithium-Kobaltbatterien recyclen könnte, da es noch kein Verfahren gibt, das Lithiumcarbonat zurückzugewinnen.

4.7.5   Batteriekapazität und Reichweite

Als die Elektroautos eingeführt wurden hatte man das Problem der Vergleichbarkeit des Energieverbrauches von Elektroautos mit herkömmlichen Fahrzeugen mit Verbrennungsmotor. Zudem stellte sich heraus, dass die bisher für die Typprüfungen vorgeschriebenen NEFZ-Tests (s. Tabelle) alle auf dem Rollenprüfstand, ohne Berücksichtigung von energieverzehrenden Sonderausstattungen stattfanden.

Jetzt gibt es den WLTP-Test (mit Sonderausstattung <u>aber ohne Klimaanlage</u>) der zudem auch noch auf der Straße durchgeführt wird und somit zum einen die Vergleichbarkeit verschiedener Automodelle im Realbetrieb sowie die tatsächlich anfallenden Schadstoffe (Verbrennungsmotoren) erfasst (Näheres s. nachfolgende Abbildung):

	Neuer Zyklus **WLTP** (World Light Vehicle Test Procedure)	Bisheriger Zyklus **NEFZ** (Neuer Europäischer Fahr-Zyklus)
Starttemperatur	kalt	kalt
Zykluszeit	30 min	20 min
Standzeitanteil	13%	25%
Zykluslänge	23,25 km	11 km
Geschwindigkeit	Mittel : 46,6 km/h	Mittel : 34 km/h
	Maximal : 131 km/h	Maximal : 120 km/h
Antriebsleistung	Mittel: 7 kW	Mittel : 4 kW
	Maximal: 47 kW	Maximal : 34 kW
Einfluss Sonderausstattung und Klimatisierung	Sonderausstattungen werden für Gewicht, Aerodynamik und Bordnetzbedarf (Ruhestrom) berücksichtigt. Keine Klimaanlage.	Wird gegenwärtig nicht berücksichtigt.
Kraftstoffverbrauch	Soll repräsentativ ermittelt werden. Ziel des neuen WLTP-Zyklus ist es die Realität möglichst genau abzudecken, Varianzen weitestgehend zu reduzieren und den Testaufwand gering zu halten. Wie beim NEFZ soll die Wiederholbarkeit und Konformität des Messverfahrens des WLTP überall auf der Welt gewährleistet sein. Ein Fahrzeug desselben Typs muss in allen Teilen der Welt bei korrekter Befolgung der Mess-prozedur mit dem WLTP-Zyklus zu jedem Zeitpunkt das gleiche Testergebnis erbringen. Dafür muss der WLTP-Zyklus den Kraftstoffver-brauch und die Emissionen des Fahr-zeuges zuverlässig und repräsentativ ermitteln können.	

Abbildung 60, Vergleich WLTP mit NEFZ-Testverfahren, (e. D.)

Der zum WLTP-Verfahren zugehörige Testzyklus (WLTC)[9] ist
nachfolgend dargestellt und soll den realen Fahrbetrieb simulieren
mit Stadt-, Land- und Überlandfahrten, einschließlich Beschleuni-
gung, Verzögerung und Halten:

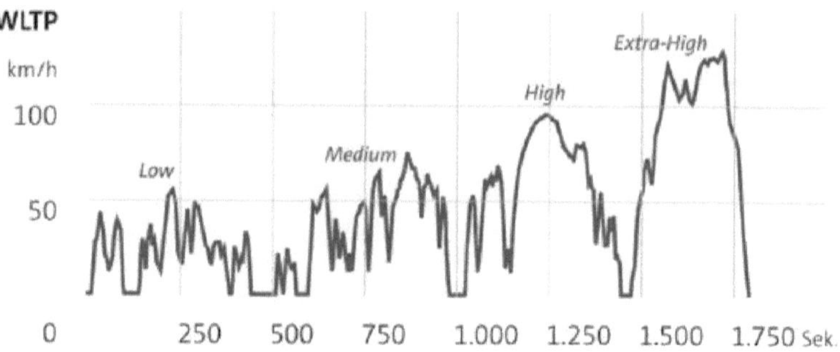

Abbildung 61, WLTP-Testzyklus

Als Beispiel für Batteriekapazität und Reichweite vergleichen
wir 4 Elektroautos (Porsche Taycan, Mercedes Benz EQC, Renault
ZoE 135, Tesla X 100 d) mit dem Golf Variant 2,0 tdi (Diesel), s.
nachfolgende Tabelle:

---

[9] WLTC: **W**orldwide harmonized **L**ight Vehicles **T**est **C**ycle

Fahrzeug		Porsche Taycan	Mercedes Benz EQC	Renault ZoE R135	Tesla X 100 d	Golf Variant 2,0 tdi
Antrieb		E	E	E	E	Diesel
Leistung	[kW]	460	300	100	386	110
Motoren	Anzahl	2		2	2	1
v_{max}	[km/h]	260	180	140	250	206
Batterie-kapazität	[kWh]	93,4	80	52	100	Tank: 50 liter
Batterie-spannung	[V]	800			400	-
Ladeleistung	[kW]	270 max.	AC:2,3-7,4; DC:110	22	AC:16,5; DC:120	-
Verbrauch WLTP	[kWh/100km] [liter/100km]	26,9	22,7	17,7	20,8	5,1
Reichweite	WLTP[km]	388-412	411	383	565	980

Tabelle 1, Verbrauchs- und Ladewerte E-Automobile und Diesel Pkw, (e. D.)

Wie in Abbildungen 60 und 61 gezeigt umfasst das WLTP-Verfahren relativ

- niedrige Geschwindigkeiten (46,6 – 131 km/h) und
- niedrige Antriebsleistungen (7 – 47 kW)

was die niedrigen Verbräuche der Elektroautos und des Dieselfahrzeuges erklärt, da bei WLTP nur 250 s der 1750 s langen Testperiode schneller als 100 km/h gefahren wird sowie Klimaanlage und elektrisches Heizen für die Verbrauchsermittlung nicht berücksichtigt werden.

Führe man mit einem Elektroauto permanent in dem auf deutschen Autobahnen üblichen Geschwindigkeitsbereich von 130 km/h oder schneller wären die Verbräuche entsprechend höher.

Will man also mit den heutigen Elektrofahrzeugen einigermaßen brauchbare Reichweiten erzielen darf man sich nur auf dem Geschwindigkeitsniveau des 1967-er VW-Käfer 1300 mit 29,5 kW Leistung und einer Höchstgeschwindigkeit von 122 km/h bewegen.

Abbildung 62, Bild des VW-Käfer 1300 von 1967 (pixabay)

Das generelle Problem bei Elektroautos besteht in dem zurzeit noch sehr geringen Energieinhalt der verfügbaren Batterien mit maximal 100 kWh (Tesla) oder 93,4 kWh (Porsche Taycan).

So verfügt 1 Liter Superkraftstoff über einen Energieinhalt von 8,77 kWh, 1 Liter Diesel sogar über 9,86 kWh. Um 100 kWh Energieinhalt zu erreichen bräuchte man bei Super einen Tank von 100/8,77 = 11,4 Liter Tankinhalt, beim Diesel wären es 10,1 Liter. Somit ist leicht verständlich, dass die Reichweite bei fossil angetriebenen Fahrzeugen sehr viel höher ist, weil der Tankinhalt zwischen 50 Liter (Mittelklasse) und 80 Liter (Oberklasse) liegt.

Reichweiten und Geschwindigkeitsvergleich Porsche Taycan – Golf V, 2,0 TDI

Ein VW Golf V, 2,0 tdi benötigt ca. 100 kW-Leistung (140 PS) um 200 km/h schnell fahren zu können. Der Porsche Taycan mit seiner Leistung von 460 kW schafft das locker, der Golf V mit 100 kW schafft maximal 206 km/h.

Anders sieht es bei der Reichweite aus:

Wird der Porsche konstant bei 200 km/h, wegen seines viel niedrigeren Luftwiderstandes [10] mit ca.72 kW-Leistung bewegt, bleibt er nach ca. 130 km (93,4/72 x 100 km) aufgrund der geringen Batteriekapazität von 93,4 kWh stehen. Mit 11 l Diesel/100 km schafft der Golf V mit 56 l – Tank 500 km.

Abbildung 63, Reichweitenvergleich Porsche Taycan-Golf V 2,0 tdi(e.D.)

---

[10] Luftwiderstand: Taycan: cw x A = 0,51 m², Golf V: cw x A = 0,71 m²; 100 kW x 0,51 / 0,71 = 72 kW

Ergebnis: Die zurzeit verfügbaren Batterien mit niedriger Energiedichte erlauben eine kurzfristige Mobilisierung sehr hoher Leistung (s. Porsche Taycan), will man aber vernünftige Reichweiten erzielen geht das nur mit relativ niedrigen Geschwindigkeiten auf Käfer-Niveau von 1967!

4.7.6   Ladeinfrastruktur

Das Problem beim Laden von Hochleistungsbatterien besteht hauptsächlich darin, dass in den Innenstädten und auf dem Land nur ein 3-phasiges Niederspannungsnetz mit maximal 380 V Wechselspannung und geringer Stromstärke vorhanden ist.

Einen Tesla mit 400 V Batterie oder gar einen Porsche Taycan mit 800 V Batterie zu laden stellt da schon eine gewisse Herausforderung dar, weil die erforderliche Schnellladeleistung nur möglich wird wenn entsprechende Netzspannungen bzw. hohe Stromstärken zur Verfügung stehen.

Je nach Fahrzeug und der Ladeleistung der Wallbox kann die Dauer eines Ladevorgangs sehr unterschiedlich sein. Der ADAC gibt dazu folgendes Beispiel: Wer einen 30-kWh-Akku an einer 3,7-kW-Wallbox (230 V, einphasig, 16 A) lädt, muss etwa zehn Stunden warten, bis er vollgeladen ist. Bei einer 11-kW-Wallbox (400 V, dreiphasig, 16 A) schrumpft die Zeit auf drei Stunden, an einer 22-kW-Steckdose (400 V, dreiphasig, 32 A) dauert es sogar nur noch 90 Minuten. Kein Wunder, dass die 22-kW-Wallbox stark im Kommen ist. Allerdings muss das Auto auch dafür ausgelegt sein, damit sich die Anschaffung lohnt. Wenn die Ladeleistung des Autos zu niedrig ist, nützt auch die leistungsfähigste Wallbox nichts. Viele Hersteller verlangen für das Schnellladen mit elf oder 22 kW einen Aufpreis.

Haushaltssteckdose

Diese stellt die schlechteste Alternative dar, erlaubt sie ja nur einen maximalen einphasigen Ladestrom von 16A und einer maximalen Ladeleistung von 3,7 kW, was schon bei einer Batteriekapazität von 27,4 kWh (BMW i3) zu Ladezeiten von 12h und mehr führen kann. Außerdem besteht bei älteren Strominstallationen die Gefahr, dass sich die Stromleitung bei längeren Ladezeiten, auch nur mit 16A, überhitzt. Das heißt man sollte die Installation vor dem ersten Laden eines Elektroautos von einer Elektrofachkraft überprüfen lassen.

Wallbox in der Garage oder der Wohnanlage

Es gibt insgesamt 3 Wallbox-Typen mit Leistungen von

- 3,7 bis 4,6 kW
- 11 kW
- 22 kW

Der ADAC hat insgesamt zwölf Wallboxen mit Ladeleistungen zwischen 3,7 und 22 kW in Sachen Sicherheit, Bedienung und Zuverlässigkeit beim Laden getestet. Das Ergebnis offenbart gravierende Unterschiede zwischen den Anbietern: Die Hälfte der Geräte wurde als nicht empfehlenswert eingestuft. Man sieht, die Technologie ist noch so neu, dass man sehr genau hinschauen muss, um ein geeignetes Gerät zu finden.

Zudem ist die Anschaffung und Installation einer Wallbox nicht ganz billig. Mit der billigsten Wallbox landet man bei ca. 1000.-€ (Gerät inklusive Montage), bei hochpreisigen und leistungsstarken Modellen, bei denen eventuell sogar eine neue Zuleitung ins Haus gelegt werden muss, können da schon etliche tausend Euro mehr anfallen. Allerdings gibt es für die Installation von den Anbietern diverse Zuschüsse, sodass die Gesamtkosten etwas reduziert werden.

Öffentliche Ladestationen

Laut Bundesnetzagentur gab es am 16.10.2019 bundesweit 10556 öffentlich zugängige Ladestationen.

Davon haben

x Stationen   eine Ladeleistung von [kW]

- 204   350
- 4   225
- 25   175
- 4   160
- 32   150
- 4   100
- 2   75
- 1   60
- 42   53
- 439   50
- 510   45 − 42
- 5   25 − 24
- 8036   22
- 8   21
- 73   20
- 1010   11
- Rest   kleiner 11

Die meisten Ladesäulen < 150 kW haben 2 oder 3 Ladepunkte. Es wird spannend, wenn sich in der Urlaubszeit z.B. 30000 der zurzeit 83175 gemeldeten E-Fahrzeuge um die Ladesäulen gruppieren und das bei ca. 300 Schnellladepunkten mit 350 − 100 kW Ladeleistung.

4.7.7   Ladezeiten/Reichweiten (Mobility House)

Die Fa. Mobility House hat die Ladezeiten und Reichweiten der marktüblichen Elektro- und ,Elektrohybridautos in nachfolgender Tabelle zusammengestellt. Alles in allem sind Ladezeiten und Fahrzeugreichweite noch sehr bescheiden:

Automarke	Automodell	Batterie-Kapazität	Gesamt-Reichweite elektrisch	Lade-Leistung	Reichweite nach 1 h an Ladestation	Ladedauer an der Ladestation[1]	Ladedauer an der Steckdose[12]	Energieverbrauch [kWh/100km]
Audi	e-tron 55	95 kWh	400 km	11 | 22 kW	n.A.	9 | 4,5 h	42 h	n.A.
	A3 Sportback e-tron	8,8 kWh	50 km	3,7 kW	32 km	2:15 h	3:45 h	11,4 kWh
	Q7 e-tron Quattro	17,3 kWh	56 km	7,2 kW	35 km	2,5 h	8 h	19 kWh
BMW	i3 (60 Ah)	18,8 kWh	190 km	3,7 | 4,6 | 7,4³ kW	25 | 35 | 55 km	5,5 | 4,5 | 3 h	8,5 h	12,9 kWh
	i3 (94 Ah)	27,2 kWh	300 km	3,7 | 11 kW	25 | 80 km	8 | 3 h	12 h	12,6 kWh
	i3s	27,2 kWh	280 km	3,7 | 11 kW	25 | 80 km	8 | 3 h	12 h	14,3 kWh
	i8	7,1 kWh	37 km	3,7 kW	25 km	2 h	3 h	11,9 kWh
	225xe Active Toure	7,7 kWh	41 km	3,7 kW	25 km	2 h	3 h	11,9 kWh
	330e Limousine	7,6 kWh	37 km	3,7 kW	25 km	2,5 h	3,5 h	11,9 kWh
	X5 xDrive40e	9,2 kWh	31 km	3,7 kW	25 km	2,5 h	3,5 h	15,3 kWh
Chevrolet	Volt	10,3 kWh	85 km	4,6 kW	20 km	2,5 h	5 h	22,4 kWh
CITROËN	Berlingo Electric	22,5 kWh	170 km	3,2 kW	15 km	7,5 h	10 h	17,7 kWh
	C-ZERO	14,5 kWh	150 km	3,7 kW	25 km	4,5 h	6,5 h	12,6 kWh
e.Go	Life 20	14,9 kWh	121 km	3,7 kW	20 km	4 h	6,5 h	11,9 kWh
	Life 40	17,9 kWh	142 km	3,7 kW	20 km	5 h	8 h	12,1 kWh
	Life 60	23,9 kWh	184 km	3,7 kW	15 km	7 h	10,5 h	12,5 kWh
Fisker	Karma	20 kWh	81 km	3,7 kW	17 km	6 h	9 h	20,6 kWh
Ford	Focus Electric (BJ 2	33,5 kWh	225 km	3,7 |4,6 | 6,6	25 | 30 | 40 km	8 | 7,5 | 5,5 h	15 h	15,9 kWh
	Focus Electric (bis]	23 kWh	162 km	3,7 |4,6 | 6,6	25 | 30 | 40 km	6,5 | 5,5 | 4 h	10,5 h	15,4 kWh
Hyundai	Kona Elektro 150 k\	64 kWh	482 km	3,7 |4,6 | 7,2	25 | 30 | 45 km	18 | 14,5 | 9,5 h	28 h	14,3 kWh
	Kona Elektro 100 kV	39,2 kWh	312 km	3,7 |4,6 | 7,2	25 | 30 | 45 km	11 | 9 | 5,5 h	17 h	13,9 kWh
	IONIQ Elektro	28 kWh	280 km	3,7 |4,6 | 6,6	30 | 35 | 55 km	8 |6,5 | 4,5 h	13 h	11,5 kWh
	IONIQ Plug-in-Hyb	8,9 kWh	50 km	3,3 kW	n.A.	4 h	n.A.	n.A.
Jaguar	I-PACE	90 kWh	480 km	7,2 | 50 kW	30 | 270 km	13 | 2 h	39,5 h	21,2 kWh
Kia	Soul EV (bis 2017)	27 kWh	212 km	3,7 | 4,6 | 6,6	25 | 30 | 45 km	7,5 | 6 | 4,5 h	12 h	14,7 kWh
	Soul EV (BJ 2017)	30 kWh	250 km	3,7 | 4,6 | 6,6	25 | 30 | 45 km	8,5 | 7,5 | 5 h	13 h	14,3 kWh
	e-Niro	64 kWh	455 km	3,7 | 4,6 | 7,2	25 | 30 | 45 km	18 | 14,5 | 9,5 h	28 h	14,3 kWh
	e-Niro	39,2 kWh	289 km	3,7 |4,6 | 7,2	25 | 30 | 45 km	11 | 9 | 5,5 h	17 h	13,9 kWh
Mercedes-Benz	B-Klasse Sports To	28 kWh	200 km	3,7 | 11 kW	20 | 65 km	8 | 3 h	12,5 h	16,6 kWh
	C-Klasse C 350 e	6,2 kWh	31 km	3,7 kW	n.A.	2 h	3 h	n.A.
	eVito	41,4 kWh	150 km	7,2 kW	n.A.	n.A.	n.A.	n.A.
	EQC	80 kWh	450 km	7,2 kW	n.A.	11 h	35 h	22,2 kWh
	GLE 500 e 4Matic	8,8 kWh	30 km	2,8 kW	n.A.	3,5 h	4 h	16,7 kWh
	S 500 e	8,7 kWh	33 km	3,7 kW	25 km	3 h	4 h	13,5 kWh
Mitsubishi	i-MiEV	16 kWh	160 km	3,7 kW	25 km	6 h	7 h	12,5 kWh
	Plug-in Hybrid Out	12 kWh	50 km	3,7 kW	25 km	5 h	6 h	13,4 kWh
NISSAN	Leaf (24 kWh)	24 kWh	199 km	3,3 | 4,6 | 6,6	20 | 25 | 40 km	7 | 5,5 | 4 h	11 h	15,0 kWh
	Leaf (30 kWh)	30 kWh	250 km	3,3 | 4,6 | 6,6	20 | 25 | 40 km	9 | 7 | 5 h	13,5 h	15,0 kWh
	Leaf (40 kWh)	40 kWh	378 km	3,3 | 4,6 | 6,6	17 | 25 | 35 | 30	12 | 8 | 6 h	18 h	17,0 kWh
	e-NV200 EVALIA	24 kWh	167 km	3,3 | 4,6 | 6,6	15 | 25 | 35 km	7 | 5,5 | 4 h	11 h	16,5 kWh
Opel	Ampera	16 kWh	40 km	3,7 kW	n.A.	4,5 h	7 h	n.A.
	Ampera-e	60 kWh	520 km	7,4 | 50 kW	150 km in 30 m	8,5 h	26,5 h	14,5 kWh
Peugeot	iOn	14,5 kWh	150 km	3,7 kW	30 km	5 h	6,5 h	14,5 kWh
	Partner Electric	22,5 kWh	170 km	3,2 kW	15 km	7 h	10 h	22,5 kWh

Abbildung 64, Ladezeiten und Reichweitentabelle, Teil 1 von 2 (Mobility House)

Automarke	Automodell	Batterie-Kapazität	Gesamt-Reichweite elektrisch	Lade-Leistung	Reichweite nach 1 h an Ladestation	Ladedauer an der Ladestation[1]	Ladedauer an der Steckdose[12]	Energieverbrauch [kWh/100km]
Porsche	Cayenne S E-Hybri	10,8 kWh	36 km	3,6 | 4,6| 7,2	15 | 20 | 30 km	4 | 3,5 | 2 h	5 h	20,8 kWh
	Panamera Turbo S	14,1 kWh	50 km	3,6 | 7,2 kW	15 | 25 km	4,5 | 2,5 h	6,5 h	15,9 kWh
	Panamera Turbo S	14,1 kWh	50 km	3,6 | 7,2 kW	15 | 25 km	4,5 | 2,5 h	6,5 h	15,9 kWh
	Panamera Turbo S	14,1 kWh	50 km	3,6 | 7,2 kW	15 | 25 km	4,5 | 2,5 h	6,5 h	17,6 kWh
	Panamera 4 E-Hybr	14,1 kWh	51 km	3,6 | 7,2 kW	15 | 25 km	4,5 | 2 h	6,5 h	15,9 kWh
	Panamera 4 E-Hybr	14,1 kWh	51 km	3,6 | 7,2 kW	15 | 25 km	4,5 | 2 h	6,5 h	15,9 kWh
	Panamera 4 E-Hybr	14,1 kWh	51 km	3,6 | 7,2 kW	15 | 25 km	4,5 | 2 h	6,5 h	15,9 kWh
Renault	Fluence Z.E.	22 kWh	185 km	3,6 kW	20 km	6,5 h	10 h	14 kWh
	Kangoo Z.E. (bis 20	22 kWh	170 km	3,6 kW	20 km	6,5 h	10 h	14 kWh
	Kangoo Z.E. 33	33 kWh	270 km	4,6 | 7,2 kW	25 | 35 km	8,75 | 6 h	14 h	15,2 kWh
	Twizy 45	5,8 kWh	90 km	3,7 kW	50 km	2 h	3 h	8,4 kWh
	Twizy 80	6,1 kWh	100 km	3,7 kW	50 km	2 h	3 h	8,4 kWh
	ZOE R240	22 kWh	240 km	22 kW	180 km	1,75 h	13,5 h	13,3 kWh
	ZOE R90 (Z.E. 40)	41 kWh	403 km	22 kW	180 km	2,67 h	25 h	13,3 kWh
	ZOE Q90 (Z.E. 40)	41 kWh	370 km	22 kW	165 km	2,67 h	25 h	14,6 kWh
smart	fortwo electric driv	17,6 kWh	150 km	3,3 | 22 kW	20 | 160 km	6 | 1 h	8 h	15,1 kWh
	fortwo electric driv	17,6 kWh	160 km	4,6 | 22 kW	30 | 160 km	4 | 1 h	8 h	13-13,5 kWh
	cabrio electric driv	17,6 kWh	160 km	4,6 | 22 kW	30 | 160 km	4 | 1 h	8 h	12,9-13,5 kWh
	forfour electric dri	17,6 kWh	150 km	4,6 | 22 kW	30 | 160 km	4 | 1 h	8 h	13,1 kWh
StreetScooter	Work	20 kWh	80 km	3,7 kW	21 km	6 h	9 h	n.A
	Work L	40 kWh	118 km	3,7 kW	21 km	11 h	18 h	n.A
Tesla	Model S 70D	70 kWh	470 km	11 | 16,5 kW	40 | 65 km	7,5 | 4,5 h	31 h	20 kWh
	Model S 75D	75 kWh	489 km	11 | 16,5 kW	40 | 65 km	8 | 5 h	33 h	
	Model S 90D	90 kWh	550 km	11 | 16,5 kW	40 | 65 km	8,5 | 6 h	40 h	21 kWh
	Model S 100D	100 kWh	632 km	11 | 16,5 kW	65 km	9,5 | 6,5 h	45 h	21 kWh
	Model S P100D	100 kWh	613 km	11 | 16,5 kW	65 km	9,5 | 6,5 h	45 h	21 kWh
	Model X 75D	75 kWh	417 km	11 | 16,5 kW	40 | 65 km	7,5 | 5 h	33 h	20,8 kWh
	Model X 90D	90 kWh	489 km	11 | 16,5 kW	40 | 65 km	8,5 | 6 h	40 h	20,8 kWh
	Model X 100D	100 kWh	565 km	16,5 kW	70 km	6,5 h	45 h	20,8 kWh
	Model X P100D	100 kWh	542 km	16,5 kW	70 km	6,5 h	45 h	22,6 kWh
	Model 3	75 kWh	499 km	11 kW		7,5 h	35 h	14,1 kWh
Toyota	Prius Plug-In Hybri	4,4 kWh	25 km	2,8 kW	n.A.	1,5 h	2,5 h	5,2 kWh
	Prius Plug-In Hybri	8,8 kWh	50 km	3,7 kW	25 km	2 h	3 h	7,2 kWh
Volkswagen	e-up!	18,7 kWh	160 km	3,6 kW	25 km	6 h	9 h	11,7 kWh
	e-Golf (bis 2016)	24,2 kWh	190 km	3,6 kW	30 km	7 h	11 h	12,7 kWh
	e-Golf	35,8 kWh	300 km	7,2 kW	60 km	5 h	16 h	12,7 kWh
	Golf GTE	8,7 kWh	45-50 km	3,6 kW	25 km	2,25 h	3,75 h	11,4-12 kWh
	Passat Limousine (	9,9 kWh	50 km	3,6 kW	25 km	3 h	5 h	12,2-12,7 kWh
	XL1	5,5 kWh	50 km	3,6 kW	n.A.	2 h | 1,5 h | 1 h	2,5 h	n.A.
	e-Crafter	35,8 kWh	173 km	4,6| 7,2 kW	20 | 30 km	5,5 | 8 h	16 h	21,5 kWh
Volvo	C30 Electric	24 kWh	163 km	22 kW	120 km	1,5 h	11 h	17,5 kWh
	V60 Plug-In Hybrid	12 kWh	50 km	3,6 kW	16,5 km	3,5 h	4,5 h	21,7 kWh
	XC90 Plug-In Hybrid	9,2 kWh	43 km	3,6 kW	15 km	2,5 h	4,5 h	18,2 kWh

Abbildung 65, Ladezeiten und Reichweitentabelle, Teil 2 von 2 (Mobility House)

4.7.8   Betriebsgefahren bei Hochspannungsbatterien

Schnellladung

Bei der Entscheidung für den Kauf eines Elektroautos ist ein wichtiges Argument für die Alltags- bzw. Langstreckentauglichkeit die Ladezeit der Batterien. Der Autofahrer möchte im Normalfall möglichst wenig Zeit an einer Stromtankstelle verbringen. Daher ist eine Schnellladung der Akkus wünschenswert, die die Batterien in 1-2 Stunden oder sogar in noch geringerer Zeit wiederauflädt. Eine solche Ladung ist aber im Hinblick auf die Batterielebensdauer nicht optimal, trotz der hohen Leistungsfähigkeit moderner Lithium-Akkus. Verschiedene Studien zeigen eine erhöhte Alterungsgeschwindigkeit bei Temperaturen über 40°C, weshalb die meisten Autohersteller die Ladung bei Batterie-Temperaturen über 40°C abschalten. Durch eine Schnellladung erwärmen sich die Akkus stärker als bei einer Normalladung. Dadurch könnte diese Temperatur insbesondere bei hohen Umgebungstemperaturen im Sommer überschritten werden. Auch Temperaturen unter dem Nullpunkt stellen bei hohen Strombelastungen eine Gefahr dar. Die Chemie der Akkus ist träger, so dass es punktuell im Akku zu Überlastungen kommen kann. Viele Hersteller von Lithium-Akkus verbieten sogar eine Ladung unter 0°C. Hier kann eine Batterieheizung sehr gute Dienste leisten. Diese ist in einigen Elektrofahrzeugen bereits herstellerseitig integriert. Eine Schnellladung erfordert auch ein sehr gutes Überwachungssystem für die Batteriezellen. Durch den hohen Ladestrom ist die Gefahr größer, dass einzelne Zellen durch Überspannung beschädigt werden. Daher muss das Batteriemanagement eine leistungsstarke Symmetrieeinrichtung haben. Generell lässt sich sagen, dass nach Möglichkeit auf eine extreme Schnellladung verzichtet werden sollte. Eine Aufladung innerhalb 3-4 Stunden wird von den Batterieherstellern empfohlen, um die Akkus nicht zu großem Stress auszusetzen und die Lebensdauer zu verkürzen. Interessant wäre diesbezüglich ein Konzept mit Wechselakkusystem. Durch den Tausch der Akkus könnte man eine akkuschonende Wiederaufladung ermöglichen. Zudem wäre die Wartezeit an einer Stromtankstelle auf ein Minimum   verkürzt.

Ähnliches gilt auch für die Fahrweise. Ein ungleichmäßiger Fahrstil mit häufigen Starts und Stopps sowie starke Beschleunigungsvorgänge belasten ebenfalls, wenn auch in geringerem Maße, die

Batterien. Auch im Hinblick auf die Reichweite ist bei Elektroautos eine vorausschauende Fahrweise die beste Strategie. Man sollte sich immer bewusst sein, dass das vorzeitige Lebensdauerende der Batterien als große Reparatur zu Buche schlägt. Für einen Batteriesatz sind in der Regel mehrere tausend Euro fällig.

Man sollte also
- Möglichst auf Schnellladung verzichten, um die Batterielebensdauer zu erhalten,
- Eine Ladezeit von 3 – 4 Stunden anstreben, um die Batterie zu schonen,
- Bei Fahrten im Hochsommer berücksichtigen, dass die Batterieladung bei Batterietemperaturen über 40°C automatisch herstellerseitig unterbrochen werden kann,
- Laden unter 0° C vermeiden oder dabei eine Batterieheizung verwenden,
- Einen gleichmäßigen Fahrstil anstreben, um die Batterie zu schonen.

Kurzschluss- und Brandgefahr

Die bisher bekannten Brände von Elektroautos wurden in der Mehrzahl durch überhitzte Einzelmodule der Batteriezellen verursacht. Die Datenlage zu Unfällen nach Bränden ist zurzeit noch sehr dünn, wobei bereits 2 Tesla-Fahrzeuge (im Mai 2018 in der Schweiz, Oktober 2019 in Moskau) nach Unfällen schlagartig gebrannt haben, in Moskau sind einzelne Module nacheinander explodiert. Löschen lassen sich solche Brände nur sehr schwer, da man kaum an den Brandherd, die jeweilige Zelle, herankommt. Die bisher bekannten Fälle sind mit neuen Batterien passiert; warten wir einmal ab, wie sich ältere Batterien bewähren.

4.7.9 Volkswirtschaftlicher Schaden bei Umstellung auf E-Antrieb

Ein Elektroantrieb hat deutlich weniger Teile als ein Verbrennungsmotor, da

- Das Kraftstoffsystem
- Der Kolbenmotor
- Das Getriebe
- Das Abgassystem

entfallen. Deshalb werden, wenn die Entwicklung so weiter geht wie vor der Corona-Krise, bis 2035 mindestens 125 000 Arbeitsplätze laut VDA-Schätzung wegfallen. Dies kann noch schlimmer werden, wenn es nicht kurzfristig gelingt, den Vertrauensverlust der Verbraucher in Autos mit Verbrennungsmotor wiederherzustellen, was der gewaltige Umsatzeinbruch der Autoindustrie während der Corona-Krise gezeigt hat. Zurzeit hat die Autoindustrie über 800 000 Beschäftigte, deren Zukunft nicht mehr sicher ist.

Sollte sich der Elektroantrieb nicht durchsetzen dürfte es schwierig werden, die entfallene Produktionskapazität für Verbrennungsmotoren wiederaufzubauen und auch entsprechende Spezialisten wieder zu finden.

4.7.10 Zusammenfassung Elektroantrieb

Der überhastete Umstieg auf Elektroautos ist ein Fehler, da die Batterietechnik noch wenig ausgereift und die erhoffte CO_2-Einsparung nicht eintreten wird, weil auf absehbare Zeit der Strom weiter von fossilen Energien stammt.

Wir haben zudem gezeigt, dass

- die Rohstoffgewinnung von Lithium und Kobalt sehr umweltschädlich ist,

- ein Recyclen der alten Batterien bisher nicht möglich ist,
- Batteriekapazität und Reichweite bei akzeptablen Fahrleistungen nur für relativ kurze Fahrstrecken ausreichen,
- die verfügbaren Ladekapazitäten in der Regel lange Ladeaufenthalte bedingen,
- Batterien bei Temperaturen unter 0°C eine Begleitheizung benötigen und
- Batterien bei Temperaturen oberhalb 40°C wegen Überhitzung nicht geladen werden können.

Dies alles sind Einschränkungen, die einen Alltagsbetrieb von E-Antrieben zurzeit sehr fraglich erscheinen lassen, es sei denn, als Zweitauto zum Einkaufen.

4.8   LKW

<u>Vorbemerkung:</u> Alles was zu den Pkw-Antrieben gesagt wurde, gilt auch für die Lkws, wobei hier eindeutig die Diesel-Antriebe überwiegen, die ähnliche Normen erfüllen müssen, wie die Pkws. Deswegen wird in diesem Abschnitt auf ein Antriebskapitel verzichtet.

Nun zu den Besonderheiten bei den Lkws:

Laut Umweltbundesamt sind die spezifischen Emissionen pro Verkehrsaufwand (Tonnenkilometer) seit 1995 ebenfalls durch bessere Motoren, Abgastechnik und eine bessere Kraftstoffqualität gesunken. Die Schwefeldioxid-Emissionen verringerten sich um mehr als 99 % im Vergleich zum Ausgangsniveau, die der Kohlendioxid-Emissionen nur um rund 30 % (siehe Abb. „Spezifische Emissionen Lkw"). Der Verkehrsaufwand der Lkw ist zwischen 1995 und 2017 von 279,7 Mio. Tonnenkilometer auf 475,7 Mio. Tonnenkilometer **um 70 %** gestiegen.

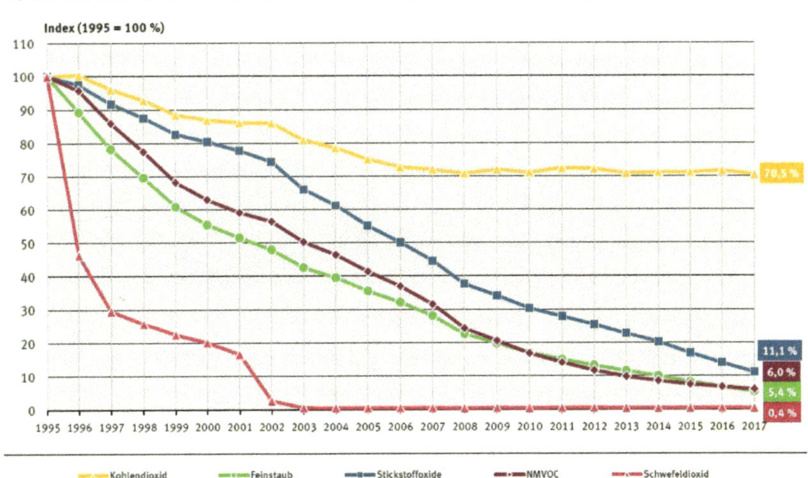

Abbildung 66, spezifische Emissionen Lkw (UBA)

In Bezug auf die Gesamtemissionen des Straßengüterverkehrs zeigt sich auch hier, dass die technisch bedingten Senkungen je Tonnenkilometer aufgrund des gestiegenen Verkehrsaufwands zum Teil wieder ausgeglichen wurden. Bei den Kohlendioxid-Emissionen wurde die Einsparung sogar überkompensiert. Die absoluten Kohlendioxid-Emissionen[11] im Betrieb des Straßengüterverkehrs erhöhten sich zwischen 1995 und 2017 trotz technischer Verbesserungen von 34,2 auf 41,0 Millionen Tonnen, also um 20 %. Laut der neuesten Statistik des Umweltbundesamtes für 2019 vom März 2020 sind die CO2-Emissionen trotz Schadstoffrückgang in allen anderen Bereichen wieder um 1,2% gestiegen. Der Grund seien mehr und schwerere Fahrzeuge!

Grundursache für den Emissionsanstieg bleibt nach wie vor der gesteigerte Straßengütertransport, wie nachfolgende Grafik (auf Basis der Daten des Stat. Bundesamtes) anschaulich belegt:

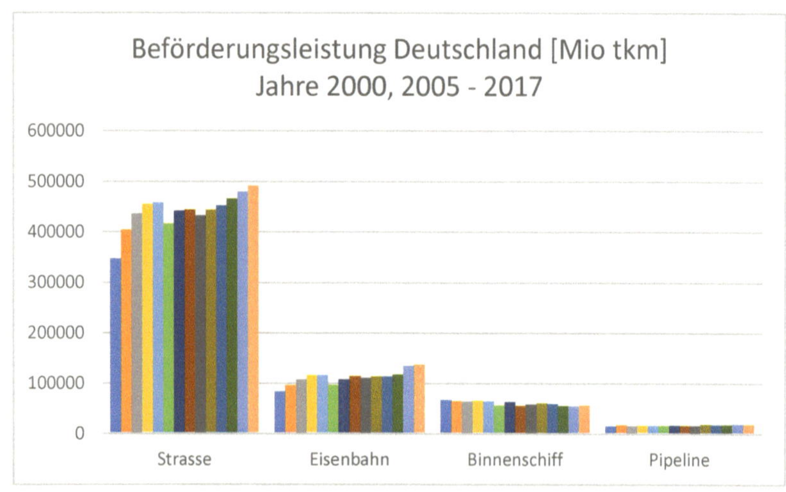

Abbildung 67, Beförderungsleistung nach Zahlen des Stat. Bundesamtes, (e. D.)

---

[11] Angaben des Umweltbundesamtes

Im Vergleich zum o.g. Gesamtaufkommen im Verkehr zeigt nachfolgende Grafik die Verteilung auf die einzelnen wesentlichen Transportarten in %. Pipeline (< 3%) und innerdeutscher Flugtransport (<< 1%) wurden weggelassen.

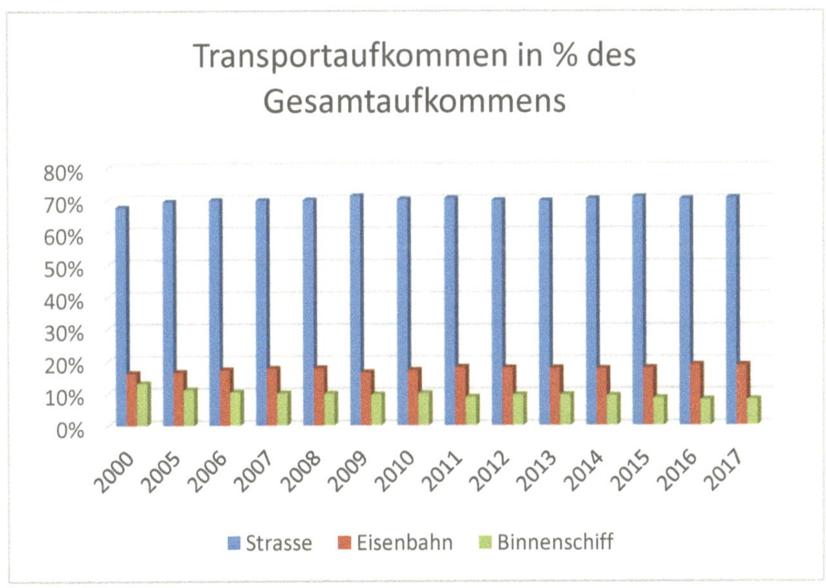

Abbildung 68, Beförderungsleistung in % des Gesamtaufkommens, (e. D.)

Auch hier gilt: Wollen wir bei den Lkws von der hohen Schadstoffbelastung wegkommen hilft nur die Reduktion dieses Verkehrs durch Regionalisierung (weniger Ferntransporte) und Verlagerung auf andere Transportarten.

4.9   BAHN

Die Deutsche Bahn wurde 1994 privatisiert. Ziel: Börsengang mit Entlastung der Staatskasse.

Um dieses Ziel zu erreichen, wurde das bisherige Bahnmanagement durch börsenerfahrene Führungskräfte ersetzt, die durch kräftigen Einsatz des Rotstiftes die Struktur der Bahn so veränderten, dass das einst zuverlässigste und preisgünstigste Verkehrsmittel Transportvolumen und Fahrgäste einbüßte (s. auch Arno Luik's Buch, Schaden in der Oberleitung [22]).

Hierzu einige Beispiele:

- Überholgleise (Ausweichgleise für langsamere/defekte Züge, parallel zur Hauptstrecke) wurden an vielen Stellen abgeschafft, um Wartungskosten zu sparen. Ergebnis: Bei Störungen im Betriebsablauf müssen Schnellzüge solange hinter langsamen Nahverkehrs- oder Güterzügen herfahren, bis sie, meist in einem Bahnhof, Weichen finden, über die sie überholen können.

- Viele Ausbesserungswerke, die die Fahrzeuge regelmäßig überprüften und warteten, wurden abgeschafft, wie nachstehende Tabelle aus bahnstatistik.de vom Juni 2020 zeigt. Nur die rotmarkierten Werke gibt es noch, also 15 von, im Jahre 1984, ursprünglich 43. Natürlich ergaben sich nach der Wiedervereinigung Rationalisierungseffekte, aber 15 Werke von vorher 43 sind einfach zu wenig. Eine Lok, die am Eisenbahnknotenpunkt Karlsruhe havariert muss entweder zum Hersteller bzw. zur Bahn nach Fulda, Kassel oder Nürnberg. Erschwerend kommt noch hinzu, dass das gesamte Material wegen verringerter Kapazität der Ausbesserungswerke durch längere Betriebszeiten stärker verschleißt, was die Reparaturzeiten wiederum verlängert.

[Ausbesserungs-] Werke (Aw ab 1984 / Raw ab 1993/94)

AHAR X	Hamburg-Harburg		KKRO X	Krefeld-Oppum
AN X	Neumünster		KOPL X	Opladen
AOPS X	Hamburg-Ohlsdorf (vormals AOP X)		LD X	Dessau
BCS X	Cottbus		LDL X	Delitzsch
BPAR X	Berlin-Papestraße / Ringbahn		LH X	Halle / Saale
BPD X	Potsdam		LHB X	Halberstadt
BSWS X	Berlin-Schöneweide (vormals BSW X)		LL X	Leipzig-Engelsdorf
BWS X	Berlin-Wannsee		LS X	Stendal
DC X	Chemnitz		MF X	München-Freimann
DH X	Dresden-Friedrichstadt		MNA X	München-Neuaubing
DG X	Görlitz-Schlauchroth		NN X	Nürnberg
EDWD X	Duisburg-Wedau		NWDO X	Weiden / Oberpfalz
EPD X	Paderborn Nord		RK X	Karlsruhe
ESRT X	Schwerte		RO X	Offenburg
EWT X	Witten / Ruhr		SKL X	Kaiserslautern
FD X	Darmstadt		SSB X	Saarbrücken-Burbach
FF X	Frankfurt / Main		STR X	Trier
FFU X	Fulda		TSC X	Stuttgart-Bad Cannstadt
FK X	Kassel		UM X	Meiningen
FL X	Limburg / Lahn		WE X	Eberswalde
HB X	Bremen-Sebaldsbrück		WW X	Wittenberge
HH X	Hannover-Leinhausen			

Da verwundert es nicht, dass in heißen Sommern die Klimaanlagen defekt bleiben und Türen tagelang gesperrt sind.

- Die Aufteilung der Bahn in verschiedene Konzerngesellschaften verringert die Effizienz der Zusammenarbeit, weil einfache Hilfsvorgänge zwischen den Gesellschaften zu unnötigen bürokratischen Akten aufblühen.

  - Einerseits spart man am Bahnhof beim Servicepersonal (auf kleineren Bahnhöfen gibt es fast nur noch Fahrkartenautomaten), auf der anderen Seite verhalten sich DB-Gesellschaften, die z.B. bei der Planung/Abwicklung in Stuttgart 21 kooperieren, wie selbständige Unternehmen, die ihre Zusammenarbeit über Angebot, Vertrag, Rechnungsstellung und Bezahlung regeln, obwohl sie letztendlich aus dem gleichen Topf, der DB-Holding, bezahlt werden. Dies bindet Personal, das an anderen Stellen, z.B. dem Service, fehlt.

o   Der Autor hat selbst erlebt, wie ein aus dem Bahnhof Stuttgart soeben ausgefahrener Zug der DB-Fernverkehr 800m nach dem Bahnhof wegen Lokschadens stillstand, eines der 4 Hauptgleise blockierte und 2 Stunden nicht abgeschleppt werden konnte, weil keine Reservelok dieser Gesellschaft vorhanden war. Am Abstellbahnhof in 500m Entfernung standen Loks der DB-Regio, die nicht eingesetzt werden konnten, weil

  o   DB-Fernverkehr keine schriftliche Anfrage abgeschickt hatte,
  o   DB-Regio daraufhin kein Angebot abgeben konnte und
  o   Last but not least keine zeichnungsberechtigten Manager verfügbar waren, die den ‚Abschleppvertrag‘ hätten unterschreiben können.

  Was war die Lösung? Nach 2 Stunden kam eine Fernverkehrslok aus Schwäbisch-Hall, die den Zug die 800 m zurück in den Bahnhof rangierte, um dann die defekte Lok abzuhängen, wegzufahren und danach den Zug zu seinem Ziel bewegte, 3h nach Eintritt der Havarie.

•   Zusätzlich hat man sich im eigenen Hause noch Konkurrenz geschaffen, durch den Zukauf der Schenker AG, einem riesigen, Lkw-basierten, Transportunternehmen. Lkws kommen überall hin, um den Unterhalt der Fahrbahnen kümmert sich der Bund. So kann man als DB AG bei der Infrastruktur sparen.

Man fragt sich, ob dies alles noch im Einklang mit Artikel 87e des Grundgesetzes, Unterpunkt (4) steht, der da lautet:

(1) Der Bund gewährleistet, daß dem Wohl der Allgemeinheit, insbesondere den Verkehrsbedürfnissen, beim Ausbau und Erhalt des Schienennetzes der Eisenbahnen des Bundes sowie bei deren Verkehrsangeboten auf diesem Schienennetz, soweit diese nicht den Schienenpersonennahverkehr betreffen, Rechnung getragen wird.

(2) Das Nähere wird durch Bundesgesetz geregelt.

Nach 25 Jahren ist das Bahnnetz geschrumpft, die Transportleistung gesunken, die Pannen sind mit entsprechenden Verspätungen angestiegen und die Schulden der Bahn AG steigen jährlich weiter an, wie nachfolgende Grafik zeigt:

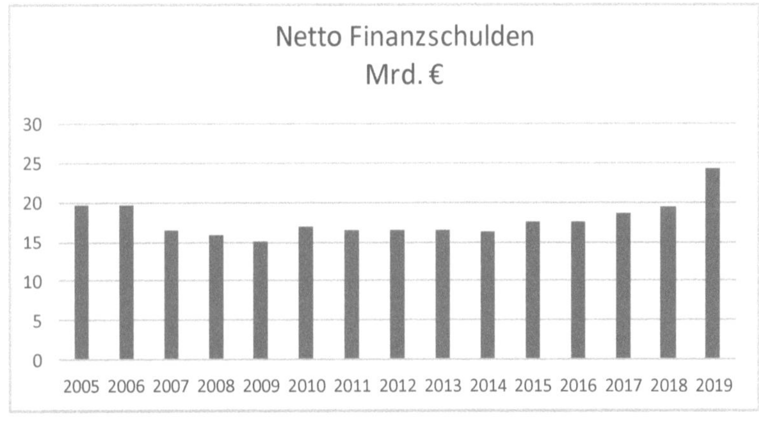

Abbildung 69, Finanzschulden Deutsche Bahn, (e. D.)

Zusätzlich zu diesen Schulden muss der Staat jährlich einiges in die Infrastruktur der Bahn investieren (Details s. Internet [23], www.allianz-pro-schiene.de):

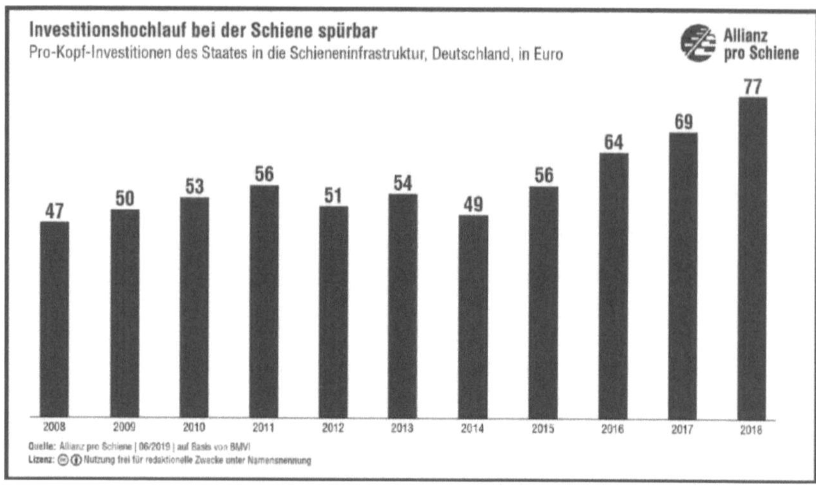

Abbildung 70, Bahninvestitionen pro Bürger und Jahr (Allianz pro Schiene)

Im Vergleich zu den europäischen Nachbarn sind diese Investitionen aber sehr gering:

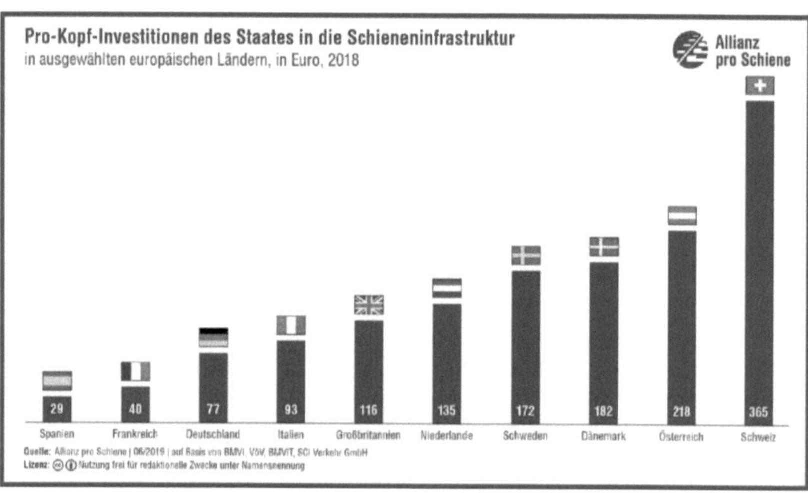

Abbildung 71, pro Kopf-Bahninvestitionen Europa (Allianz pro Schiene)

Auf der anderen Seite gibt es kein energieeffizienteres Transportmittel als die Bahn:

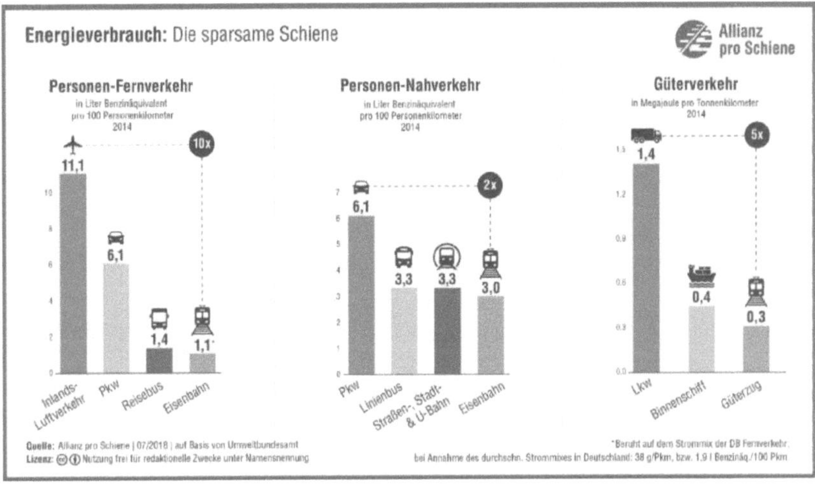

Abbildung 72, Vergleich Energieeffizienz Verkehrsarten (Allianz pro Schiene)

4.9.1   Personenverkehr Marktanteil

Laut der Allianz Pro Schiene werden im Personenverkehr nur 9,8% von der Eisenbahn erbracht und zusätzlich muss die Bahn auch noch Abgaben für die EEG-Umlage bezahlen. Dies, die hohen Bahnpreise und die Unzuverlässigkeit aufgrund bewusst vernachlässigter Infrastruktur tragen zu dem geringen Anteil am Personenverkehr bei:

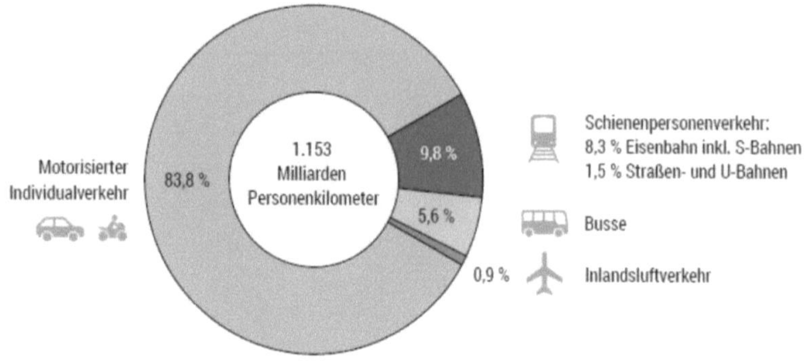

Während der Pkw-Verkehr seit 2013 in Deutschland wieder billiger wird, steigen die Verbraucherpreise im Schienenpersonenverkehr seit Jahren an. Dies liegt an den steigenden Belastungen für die Verkehrsunternehmen.

Abbildung 73, Personentransport, Prozentanteil Verkehrsmittel (Allianz pro Schiene)

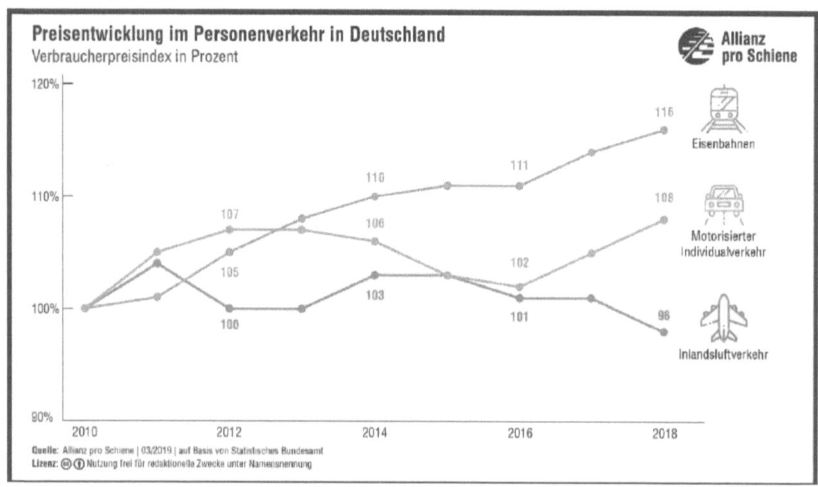

Abbildung 74, Preisentwicklung Personenverkehr in Deutschland (Allianz pro Schiene)

Es ist schwer zu verstehen, dass eine dem Staat gehörende Aktiengesellschaft so hohe Preise verlangt und damit die anderen Verkehrsträger begünstigt. Auch die am 1.1.20 in Kraft getretene Mehrwertsteuersenkung für Bahntickets von 19 auf 7% (-12%) kommt nur mit 10% Preisreduktion beim Verbraucher an, die Bahn hat damit ihre Preise um 2% erhöht.

4.9.2 Güterverkehr Marktanteil

2017 betrug der Marktanteil des Schienentransportes 19,5%.

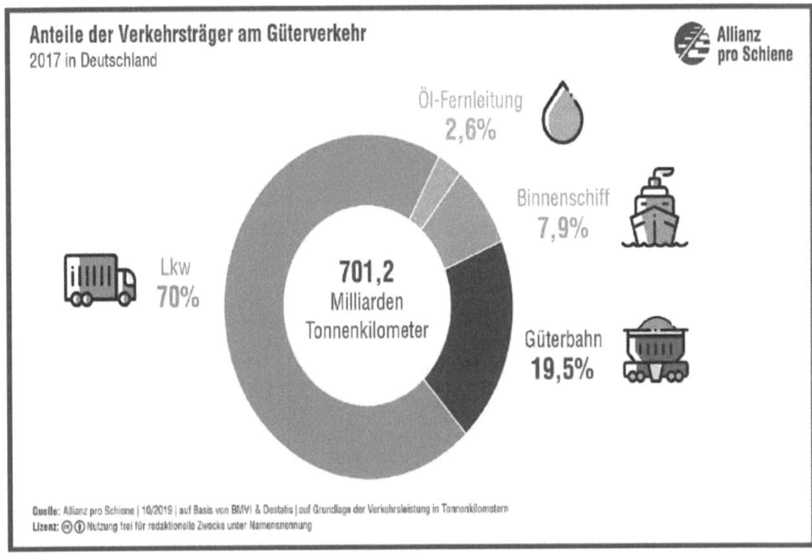

Abbildung 75, Anteil der Verkehrsträger am Güterverkehr (Allianz pro Schiene)

Grund hierfür ist das immer weiter ausgedünnte Strecken- und Verladenetz der Bahn, deren steigende Transportpreise und die höhere Schienenmaut (s. nächste Seite).

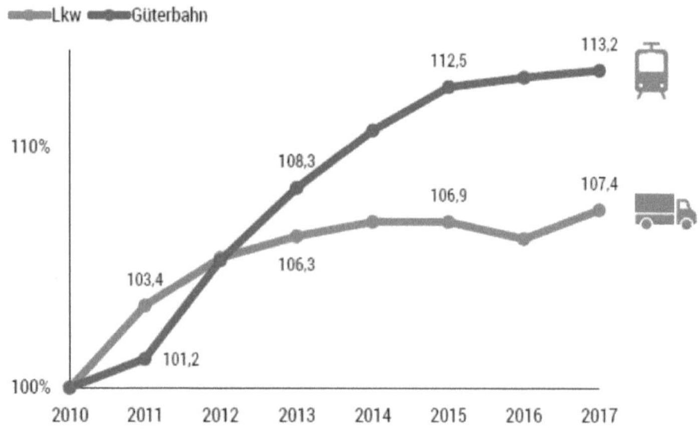

Abbildung 76, Preisentwicklung Güterverkehr in Deutschland (Allianz pro Schiene)

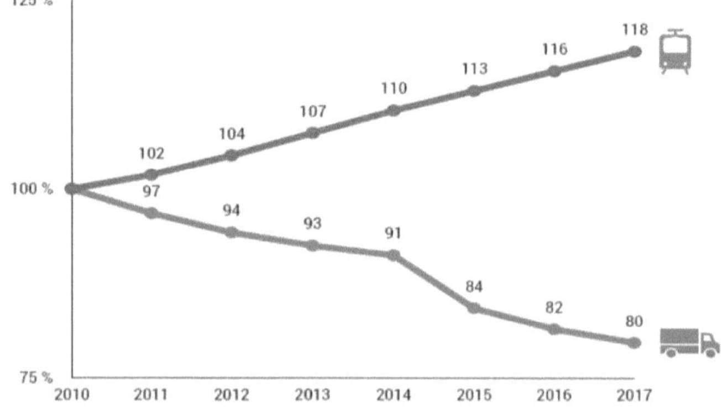

Abbildung 77, Entwicklung Lkw- und Schienenmaut in Deutschland (Allianz pro Schiene)

116

4.9.3　Emissionen

Man sieht, bei allen Verkehrsarten erzeugt die Bahn die geringsten Emissionen, hat aber nur 27% des Transportaufkommens der Lastkraftwagen.

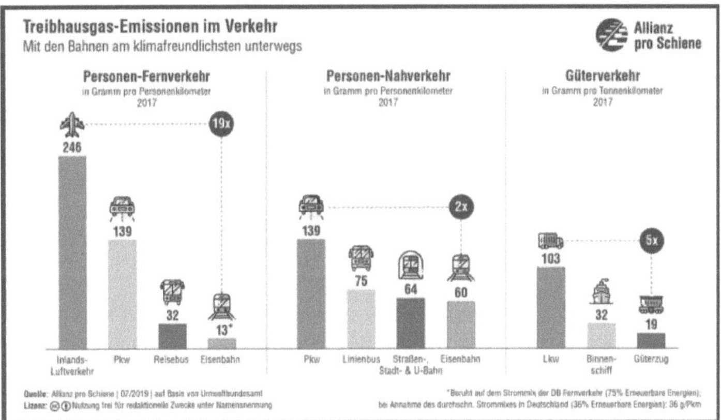

Abbildung 78, Treibhausgasemissionen Verkehrsarten (Allianz pro Schiene)

4.9.4 Vorschlag Umverteilung Transportaufkommen von der Straße auf die Schiene

Würde man z.B. 150 000 tkm des Straßentransportes auf die elektrisch angetriebene Bahn umladen, ergäbe sich eine nennenswerte CO2-Einsparung, zumal wenn der Strom später einmal ohne fossile Energie produziert würde:

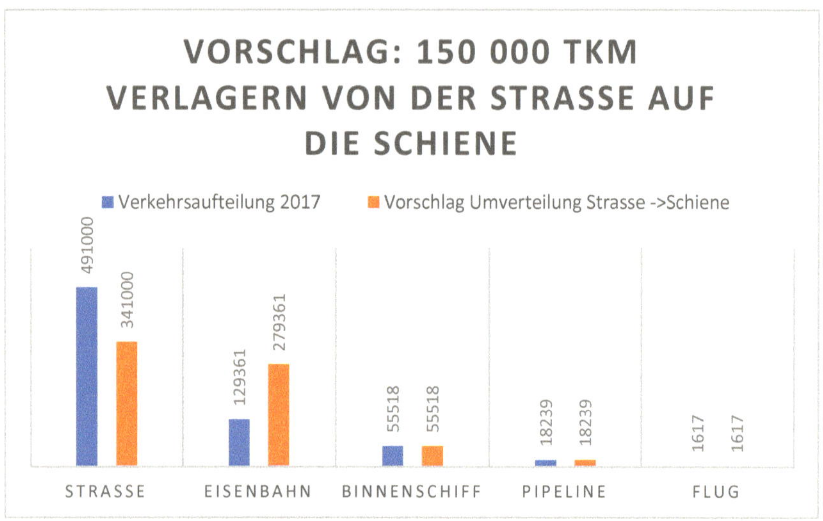

Abbildung 79, Vorschlag Umverteilung Transportaufkommen weg von der Straße, (e. D.)

Laut Umweltbundesamt sind 2017 im fossil angetriebenen Verkehr 168 Mio to CO_2-Äquivalente angefallen. Dies ergäbe bei rein strombetriebener Bahn und o.g. Vorschlag zur Umverteilung der Güterströme eine CO_2-Einsparung von ca. 26%, also 44 Mio to CO_2.

4.9.5   Vorteile im Personenverkehr

Des Weiteren hat ein moderner ICE 3 403 Sitzplätze und ersetzt bei angenommenen 2 Personen je Auto eine Schlange von 201 Pkws, das sind mehr als auf nachfolgendem Bild sichtbar sind:

Abbildung 80, ICE 3 und Verkehrsstau auf A 3

4.9.6   Verbesserung im Güterverkehr

Der Verband ‚Allianz Pro Schiene' [23] beschäftigt sich schon sehr lange mit Verbesserungsmöglichkeiten bei der Bahn und hat bereits erreicht, dass

- Aufgegebene Strecken wieder reaktiviert werden
- Die Strecken auf Güterzuglängen von mindestens 740 m (bisher 600 m) ausgebaut werden.

Der Aufwand zur Erweiterung des Schienennetzes auf diese Zuglänge ist überschaubar, wie eine Grafik von ‚Pro Schiene zeigt:

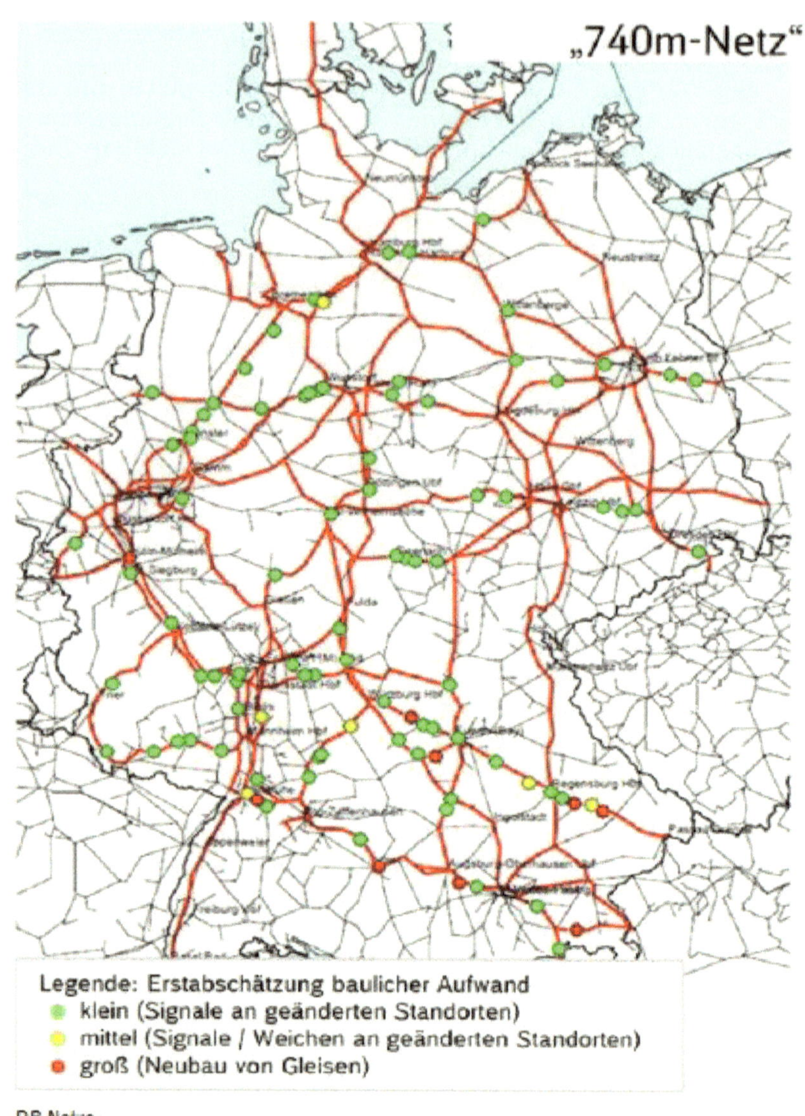

Abbildung 81, Streckeneignung für 740 m Züge (Allianz pro Schiene)

Zudem erkennt man an dem nicht hervorgehobenen Streckennetz, dass an vielen Stellen Parallelverkehr möglich ist, wie z.B. auf der Rheinstrecke zwischen Karlsruhe und Basel, wo 30 km Neubau

von Signalen und einem zweiten Gleis zwischen Wörth in Rheinland-Pfalz und Lauterburg im Elsaß ausreichen, um über das Elsaß
eine linksrheinische Alternativstrecke für den Güterverkehr auszubauen. Vor dem zweiten Weltkrieg war die Strecke Wörth-Basel
durchgängig mehrgleisig befahrbar. Nach 1945 wurde das zweite
Gleis (Wörth-Lauterburg) abgebaut.

Als Beispiel für den Einsatz eines Güterzuges der in Europa üblichen Standardlänge von 740 m, der im Containerverkehr 52 Lkws
ersetzen könnte, mag nachfolgende Abbildung 82 dienen, die in
etwa die vergleichbare Anzahl von Lkws auf der Autobahn zeigt:

Abbildung 82, 740 m Güterzug ersetzt 52 Container Lkws

4.9.7   Zusammenfassung Bahn

Eine entsprechend attraktiv ausgebaute Bahn mit CO_2-freiem Elektroantrieb

- Verhindert den Verkehrskollaps und
- Verringert entscheidend den gesamten CO_2-Ausstoß im Verkehr.

Um dies zu erreichen muss die Politik umsteuern, die Bahn wieder verstaatlichen, ehemalige deutsche Eisenbahnführungskräfte (Reichsbahn und Deutsche Bahn) sowie japanische Experten einschalten, damit die Bahn zügig ertüchtigt/erweitert werden und wieder so zuverlässig und pünktlich funktionieren kann wie vor der Privatisierung.

Die Bahn sollte grundsätzlich nur von Bahnmanagern/-vorständen mit Bahnausbildung und erfolgreicher Bahnvergangenheit geführt werden, wie dies z.B. immer noch in Österreich und der Schweiz der Fall ist. Dort funktioniert die Bahn auch bei widrigsten Wetterbedingungen.

Arno Luik hat es in seinem Buch gesagt: Die Bahn muss nicht in allen Bereichen besser werden (s. aktuelle Slogans zu Pünktlichkeit und Service), sie muss einfach nur **GUT** sein.

Oder: Wie lautete der Slogan der Deutschen Bahn in den 70-er Jahren?

Alle reden vom Wetter, wir nicht! Das ist schon langer her.

Nur wenn es gelingt, die Effizienz der Bahn zu erhöhen und wesentliche Verkehrsströme auf die Bahn umzuleiten, können wir den CO_2-Anstieg verringern und die Verkehrsqualität verbessern.

4.10 BINNENSCHIFFFAHRT

Die Bundesrepublik Deutschland besitzt ein recht gut ausgebautes Wasserstraßennetz [24] von 7300 km Länge, das auch sehr schwere Transporte quer durch die Republik ermöglicht:

Abbildung 83, Deutsche Binnenwasserstraßen (BMVI)

Die Farben beschreiben die erlaubten Schiffsgrößen auf den einzelnen Flußabschnitten:

- Hellblau und lila stehen für relativ kleine Schiffseinheiten bis maximal 1000 Tonnen
- Oliv und grün für Schiffe oder einen Schubleichter bis 3000 Tonnen
- Rot beschreibt 2-er Schubverbände bis 6000 Tonnen
- Ocker beschreibt große Schubverbände bis 6 Leichter mit maximal 18000 Tonnen.

Ein modernes Binnenschiff hat eine sehr große Ladekapazität von 3000t bei nur 3m Tiefgang [25]:

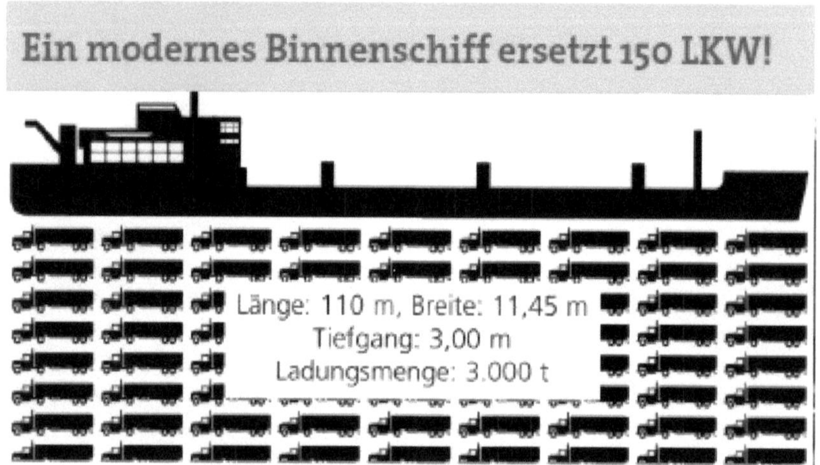

Abbildung 84,Kapazität Binnenschiff (Bundesverband der Deutschen Binnenschifffahrt e.V.(BdDB e.V.)

Es transportiert hauptsächlich folgende Ladung:

Anteil am Gesamtverkehr	2018 in Mio. t	in %	2017 in Mio. t	in %	18-17 in %
Erze, Steine, Erden u.ä.	52,0	26,3	57,1	25,6	- 8,9
Kokerei- und Mineralölerzeugnisse	32,9	16,6	38,0	17,1	-13,4
Kohle, rohes Erdöl, Erdgas	26,2	13,2	30,8	13,8	-14,9
Chemische Erzeugnisse	20,8	10,5	23,6	10,6	- 11,9
Land- und forstwirtschaftliche Erzeugnisse	12,9	6,5	14,9	6,7	-13,4
Metalle und Metallerzeugnisse	10,4	5,3	12,3	5,5	-15,4
Sekundärstoffe, Abfälle	11,4	5,8	11,8	5,3	- 3,4
Nahrungs- und Genussmittel	7,6	3,8	8,5	3,8	-10,6
Sonstige Mineralölerzeugnisse	3,3	1,7	3,4	1,5	- 2,9
Holzwaren, Papier- und Druckerzeugnisse	2,7	1,4	2,9	1,3	- 6,9
Sonstiges	17,7	8,9	19,4	8,8	- 8,8
Zusammen	**197,9**	**100**	**222,7**	**100**	**- 11,1**

Quelle: Statistisches Bundesamt

Abbildung 85,Hauptladungsbestandteil Binnenschiffe (BdDB e.V.)

Das heißt das Binnenschiff ist ideal für Container, Massen- und Schüttgüter sowie Gefahrguttransporte, wird aber noch viel zu wenig genutzt (s. nachfolgenden Vergleich):

Güterverkehr in Deutschland in den Jahren 2017 und 2018 nach Verkehrsträgern						
		Gütermenge			Verkehrsleistung[1]	
Verkehrsart	2017	2018		2017	2018	
	Mio. t		Veränd. in %	Mrd. tkm		Veränd. in %
Straßengüterverkehr [2), 3)]	3.145,5	3.185,1	1,3	291,0	295,2	1,5
Schienengüterverkehr	401,1	402,7[p]	0,4[p]	129,4	130,8[p]	1,1[p]
Binnenschiffsgüterverkehr	222,7	197,9	-11,1	55,5	46,9	- 15,5
Gesamter Güterverkehr [3)]	**3.769,3**	**3.785,7[p]**	**0,4[p]**	**475,9**	**472,9[p]**	**-0,6[p]**

[p]prognostizierte Werte. [1)]Verkehrsleistung in Deutschland. [2)]Binnen- und grenzüberschreitender Verkehr deutscher Fahrzeuge, ohne Kabotage. [3)]Ohne Straßengüterverkehr ausländischer Fahrzeuge in Deutschland.
Quelle: BAG Marktbeobachtung Güterverkehr Jahresbericht 2018

Abbildung 86,Vergleich Binnentransportaufkommen Bahn-Schiff-Lkw (BdDB e.V.)

Der spezifische Energieaufwand beim Binnenschiff ist i.d.R. etwas höher als bei der Bahn (s. Abbildung 72, Vergleich Energieeffizienz Verkehrsarten (Allianz pro Schiene)), die Abgasemissionen in Gramm pro Tonnenkilometer (vgl.Abbildung 78, Treibhausgasemissionen Verkehrsarten (Allianz pro Schiene)) sind etwas höher als bei der Bahn, aber immer noch dreimal niedriger als beim Lkw.

Insgesamt haben die bundesdeutschen Wasserstraßen noch ein erhebliches Reservepotential zum Transport von Gütern mit dem Schiff. Insbesondere Container und Gefahrguttransporte lassen sich besser mit dem Schiff bewältigen, weil sie

- Mehr Container als der Zug direkt vom Containerhafen abholen können,
- Das geringste Risiko für Gefahrguttransporte mitbringen.

Bei Massen- und Schüttgütern ist der Schiffstransport einfacher, weil sich je Transporteinheit mehr Material transportieren lässt.

4.11 INLANDSFLÜGE

Inlandsflüge sind immer dann sinnvoll, wenn Güter oder Menschen schnell über längere Distanzen transportiert werden müssen.

Von der Energie- oder Umweltbilanz her sind sie indiskutabel, da sie mit bodengebundenen Verkehrsmitteln nicht konkurrieren können. Der Energieaufwand, um in der Luft zu bleiben, ist einfach viel zu hoch.

Ob ein Verkehrsmittel mehr oder weniger Schadstoff ausstößt oder nicht wird dann gleichgültig, wenn die Transportaufgabe erst gar nicht anfällt. Wir sollten in Zukunft gut überlegen, ob wir die Kinder auf Schritt und Tritt mit dem SUV zur Schule, zum Ballettunterricht oder zum Sport fahren müssen oder kurze Wege nicht vielleicht statt mit dem Auto zu Fuß oder mit dem Fahrrad zurückgelegt werden können.

Moderne Verbrennungsmotoren sind schon so sauber, dass man sie bei verringertem Verkehrsaufkommen solange weiternutzen sollte, bis die Energieerzeugung CO_2-frei ist, was in unseren Breiten ohne die Kernenergie nicht möglich sein wird, da der Wind nicht konstant genug bläst, nicht in ausreichendem Maße gespeichert werden kann, nachts keine Sonne scheint und unser Wasserkraftpotential nicht ausreicht.

Alternative E-Antriebe für Straßenfahrzeuge machen noch keinen Sinn wegen

- mangelnder Batteriekapazität
- fehlender und unzureichender Ladeinfrastruktur
- Stromerzeugung in fossilen Kraftwerken und
- Begrenzter Lithium- und Kobaltvorräte, wobei Lithium bis jetzt nicht recyclebar ist.

Elektrifizierung der Straßen macht nur Sinn für den Busverkehr in Städten, wo Straßenbahnen mancherorts stehen bleiben, weil ein Stau oder Unfall die Strecke blockiert, die der Oberleitungsbus umfahren kann. Wir hatten sie schon einmal in den 50-er bis 70-er Jahren in Großstädten, in Russland gibt es sie heute noch.

Autobahnen oder Landstraßen für Lkws zu elektrifizieren ist umwelttechnisch nicht vertretbar, da der spezifische Energieverbrauch des Lkws 4,7-mal höher ist als jener der Bahn.

Außerdem sind die Straßen permanent überlastet und man stünde weiterhin im Stau, da unser Straßennetz fast nicht mehr erweiterbar ist. Daher sollte sich jeder Autofahrer, der eine Fahrt beabsichtigt fragen: ‚Ist das wirklich notwendig?' Das Auto stehen lassen schont die Umwelt und entlastet den Geldbeutel.

Die Energiewende im Verkehr ist möglich, wenn der überwiegende Teil des Straßenverkehrs auf die Schiene verlagert wird.

Die Bahn hat ausreichend Reservepotential und wird von Strom angetrieben, der mittelfristig CO_2-neutral mit Wind, Wasser, Photovoltaik und Kernkraft erzeugt werden kann. Und nicht nur das: Die Bahn hat den geringsten spezifischen Energieverbrauch, fünfmal weniger als der Lkw! Das wird sich auch nicht ändern, wenn wir die Autobahnen elektrifizieren.

Damit die Bahn funktionieren kann muss sie wieder verstaatlicht und von Bahnexperten (z.B. ehemalige Reichsbahn, Deutsche Bahn und Japanische Staatsbahnen) unter einem Dach geführt werden. Fachfremde Manager haben die Bahn nicht im Griff und verursachen unnötige Kosten. Das Gleiche gilt für die vielen Bahn-Teilgesellschaften, bei denen die Zusammenarbeit unter ihnen unnötigen Koordinationsaufwand und -kosten generiert. Die Existenzberechtigung dieser Gesellschaften sollte geprüft werden (müssen wir Eisenbahnen in Saudi-Arabien bauen und betreiben, wenn bei uns so wenig funktioniert), ggf. geschlossen und wo möglich die Mitarbeiter wieder in eine Staatsbahn integriert werden.

Zusätzlich zur Bahn sollte ein Teil des Transportaufkommens, besonders bei direktem Anschluss an große Seehäfen, auf das Binnenschiff verlagert werden.

Statt Lkws zu produzieren könnten die Fahrzeughersteller ihre Produktpalette um Eisenbahnwaggons erweitern und Eisenbahnfahrzeuge warten oder bauen, dann blieben Arbeitsplätze erhalten.

Das Gleiche gilt für die Straßentransportbranche. Wird Verkehr von der Straße auf die Bahn verlagert können die freigewordenen Mitarbeiter bei der Bahn Verwendung finden.

Bei der schnellen Umstellung des Verkehrs von der Straße auf die Schiene könnte u.a. die ‚Fridays for Future' – Bewegung helfen indem sie lokale Verkehrskonzepte entwickelt und vorantreibt. Junge Leute haben viele Ideen und könnten, zusammen mit den nötigen Experten, relativ schnell brauchbare Konzepte erstellen, die die Politik dann umsetzen sollte.

Ein anderer wichtiger Aspekt in der Energiedebatte ist die Globalisierung. Müssen wir Äpfel aus Chile herholen, Krabben zum Kochen und Pulen von Emden nach Marokko und zurückschicken sowie Material für die Fertigungsindustrie wie Halbzeuge und Einzelteile in der ganzen Welt einkaufen?

Zudem hat die Corona-Krise gezeigt, dass Globalisierung mit Konzentration auf eine Lieferregion sehr störanfällig ist. Besser wäre eine Aufteilung auf regional, europa- und weltweit sowie eine ausreichende Lagerhaltung, um Lieferengpässe zeitweise ausgleichen zu können.

Just in time-Lieferungen mit entsprechend kleinen Losgrößen werden deshalb sehr wahrscheinlich verschwinden und größeren Losgrößen (Bahnwaggon) mit Lagerhaltung Platz machen müssen. Auch dies reduziert automatisch den Straßenverkehr.

Wenn man es ernst meint mit der Versorgungssicherheit und Energieeinsparung sollte Regionalisierung statt Globalisierung neu durchdacht werden. Ex- und importieren sollte man dann wirklich nur noch Dinge, die es woanders nicht oder nicht so gut gibt wie bei uns oder anderswo.

LITERATURVERZEICHNIS

[17.1] IFKM, KIT: Dieselmotor und Luftqualität, kritische Bewertung der Situation; 8.9.2016; s. auch: www.ifkm.kit.edu

[17.2]https://www.helmholtz.de/luftfahrt_raum-fahrt_und_verkehr/wie-schmutzig-ist-der-diesel-wirklich/

[18] HTW-Automotive Powertrain, Abgastests unter realen Fahrbedingungen: Autogas-Pkw im Vergleich mit Benzin- und Diesel-Fahrzeugen; PEMS-untersuchungen an LPG- und konventionell betriebenen Pkw; Nov.2016

[19] Eine vollständig regenerative Energieversorgung mit Wasserstoff, Illusion oder realistische Perspektive, Nitsch, Fischedick

[20] ZDF: Rohstoffe für Akkus; E-Autos: Ein nur scheinbar sauberes Geschäft von Christine Elsner (ZDF),9.9.2018

[21] Kohlemotoren, Windmotoren und Dieselmotoren (Buchal, Karl, Sinn); ifo Schnelldienst 8/2019, 72. Jg.,25.4.19

[22] Schaden in der Oberleitung, Arno Luik, Westend-Verlag

[23] www.allianz-pro-schiene.de

[24]https://www.gdws.wsv.bund.de/DE/startseite/start seite_node.html

[25] www.binnenschiff.de

5. FINANZIELLE RAHMENBEDINGUNGEN IN DEUTSCHLAND

Die finanziellen Rahmenbedingungen in Deutschland, um eine Energiewende herbeizuführen, die hohe Investitionen erfordert, sind schlecht, da wir schon jetzt hohe Stromkosten haben und zu stark verschuldet sind, wie nachfolgende Ausführungen zeigen.

5.1 NICHT KONKURRENZFÄHIGE STROMKOSTEN

Deutschland hatte 2018 die zweithöchsten Stromkosten in Europa bei den privaten Haushalten (s. nachstehende Tabelle) und beim Industriestrom.

Industriestrom (0,15 €/kWh) war zwar gegenüber den Privathaushalten (0,33 €/kWh) nur halb so teuer, aber im Verhältnis zu den anderen Ländern blieb die Tendenz gleich, weshalb wir hier auf die zweite Tabelle (Industriestrom) verzichten.

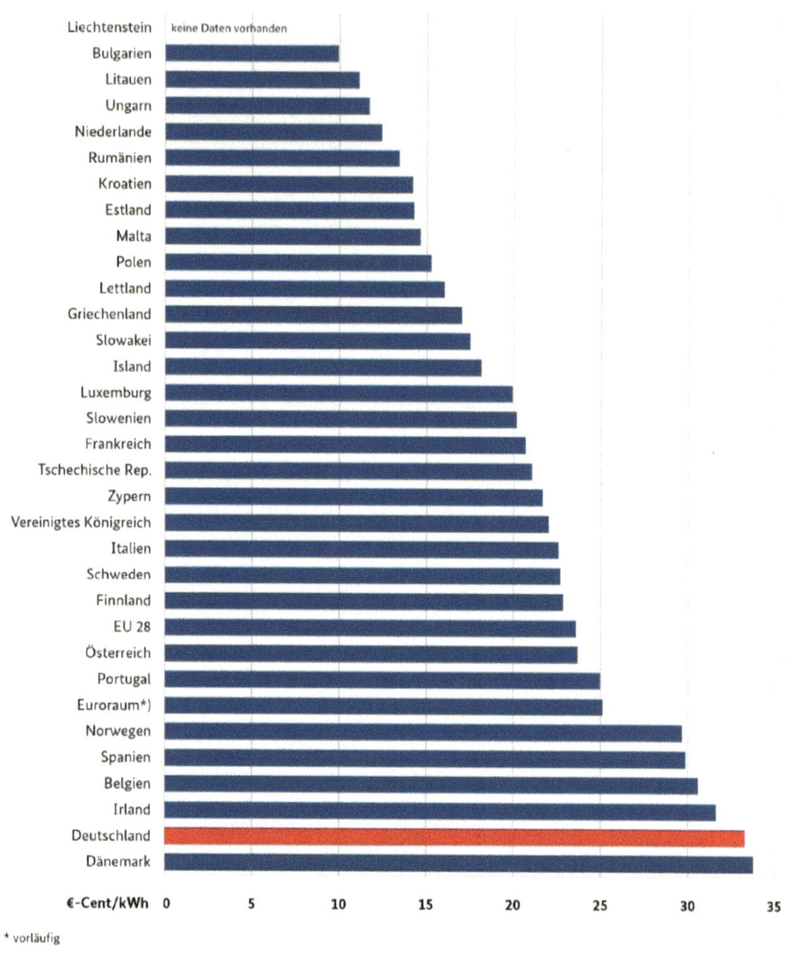

Abbildung 87,Strompreise Europa (private Haushalte) 2018

Die Gründe für die hohen Strompreise sind vielschichtig, aber leider hausgemacht:

1. Das Primat der Politik, immer Ökostrom einzusetzen, wenn verfügbar, führt bei schwankendem Windangebot dazu, dass Öl- und Kohlekraftwerke permanent voll besetzt mit Schwachlast betrieben werden müssen, um schnell hochfahren zu können, wenn der Wind ausfällt. Das treibt die Kosten wegen doppeltem Personal und den Verschleiß der thermischen Anlagen, da diese nicht gleichmäßig betrieben werden können.

2. Die staatlich verordnete (Regierung Kohl) Entflechtung und Privatisierung der Stromkonzerne treibt die Verwaltungs- und Koordinierungskosten, da viele kleine Firmen (Kraftwerke, Netzbetreiber, Stromverkäufer) zusammenarbeiten müssen, bis der Strom beim Kunden ist. Früher gab es ein paar große Anbieter, der Strom kam im jeweiligen Bereich aus einer Hand.

3. Das nicht marktkonforme Erneuerbare Energiegesetz (EEG) für erneuerbare Energien, das höhere Stromerlöse garantiert als normalerweise wirtschaftlich erzielbar sind.

4. Der EU-Emissionsrechtehandel benachteiligt die EU-Volkswirtschaften gegenüber der Welt, weil sie bei uns für Emissionsrechte bezahlen müssen, anstatt einfach, wie in USA, China und Indien üblich, Brennstoffe zum Weltmarktpreis einzukaufen. Emissionsrechtehandel macht nur dann Sinn, wenn sie weltweit gehandelt werden und Schadstofferzeugung überall teurer wird.

5. Die von thermischen Kraftwerken abgeleiteten Stromlieferverträge (Englisch: Power Purchase Agreements (PPA)), die den Windkraftwerksbetreibern Entschädigungen bezahlen, wenn der Strom des Windkraftwerkes geliefert werden könnte, er aber wegen nicht vorhandenem Bedarf oder anderen Gründen nicht abgenommen werden kann. Diese Regel hat nur einen Sinn bei Kraftwerken (Wasserkraft oder thermische Kraftwerke) die immer verfügbar sind. Es wird aber nahezu pervers bei Windkraftwerken, die oft, wenn man Strom möchte, wegen Flaute nicht liefern können. Das ist bei Wasserkraft oder thermischen Kraftwerken anders. Die können immer, es sei denn sie sind kaputt oder werden gewartet.

6. Die Strompreise sind geprägt von einer Menge ‚grüner‘ Zuschläge, wie die Preisstrukturgrafik aus dem Bericht der Kohlekommission auf der nächsten Seite zeigt, die folgende Preiskomponenten enthält:

Also in der aktuellen Reihenfolge:
- Beschaffung, Netzentgelt, Vertrieb (bis 2005)
- Beschaffung, Vertrieb (dies ist der mittlere Börsenhandelspreis)
- Netzentgelt
- Mehrwertsteuer (hellrosa)
- Konzessionsabgabe
- EEG-Umlage
- Kraft-Wärmekopplungsaufschlag (KWK)
- §19 Strom NEV-Umlage[12]
- Offshore Haftungsumlage (nahezu unsichtbar, mit 0,037 ct/kWh)
- Stromsteuer

---

[12] Damit manche Großverbraucher (z.B. Aluminiumhütten) weniger bezahlen können, müssen die anderen Verbraucher einen Ausgleich zahlen (Strom-Netzentgeltverordnung (NEV))

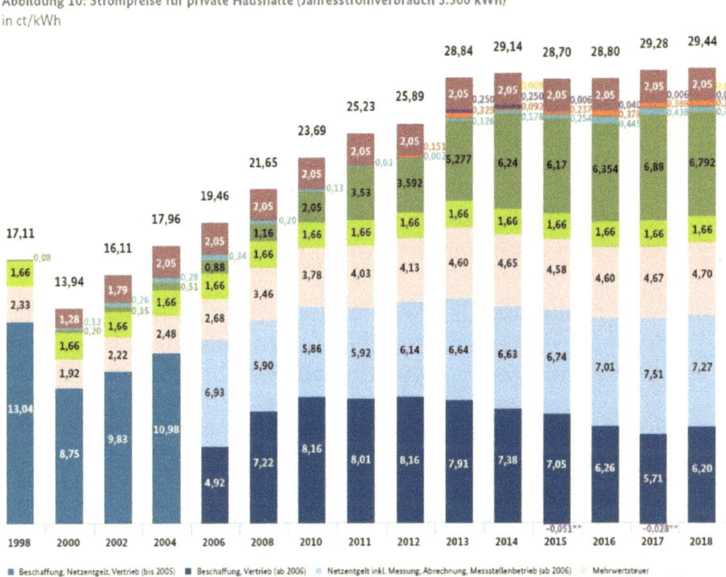

Abbildung 88, Preisstruktur Strompreis Deutschland (aus Bericht der Kohlekommission, BDEW)

Das heißt, wir hatten 1998, bei einem noch nicht umweltpolitisch reorganisierten Strommarkt einen Verbraucherpreis von 17 ct/kWh und heute, mit all den Umwelt- und Ausgleichszuschlägen auf dem deutschen Markt, einen Verbraucherpreis von um die 30 ct/kWh, wobei der Stromzukauf an der Börse nur ca. 6 ct/kWh ausmacht. Verglichen mit 1998, als es noch große Energieversorger gab, die von der Erzeugung bis zum Endverbraucher alles geliefert haben, leisten wir uns heute den Luxus mit unnötig vielen Marktteilnehmern und umweltpolitischen Sonderabgaben wesentlich mehr als alle anderen in der EU zu bezahlen.

Langfristig kann ein Wirtschaftsstandort nur überleben, wenn er niedrige Energiekosten hat sonst leiden die Konkurrenzfähigkeit der Wirtschaft und der kleine Privatverbraucher.

135

Laut stat. Bundesamt betrug das Staatsvermögen Deutschlands am 31.12.2018: 1204, 5 Mrd €.

O.g. Vermögen standen Schulden in Höhe von 1916,6 Mrd € gegenüber, das ergibt eine Überschuldung von 59% des Vermögens.

Eine Überschuldung liegt bei Wirtschaftsunternehmen dann vor, wenn die Schulden das Vermögen übersteigen, d.h. die Schulden sind bei uns 1916,638 / 1204,505 = **1,59-mal höher als das Vermögen!**

Das heißt nach Finanzmarktkriterien wäre ein Wirtschaftsunternehmen bei diesem Schuldenstand bereits bankrott, bei Staaten hat man sich aber darauf geeinigt, dass dort weichere Kriterien für die Überschuldung gelten, das ist das Verhältnis der Schulden zum Bruttoinlandsprodukt (BIP):

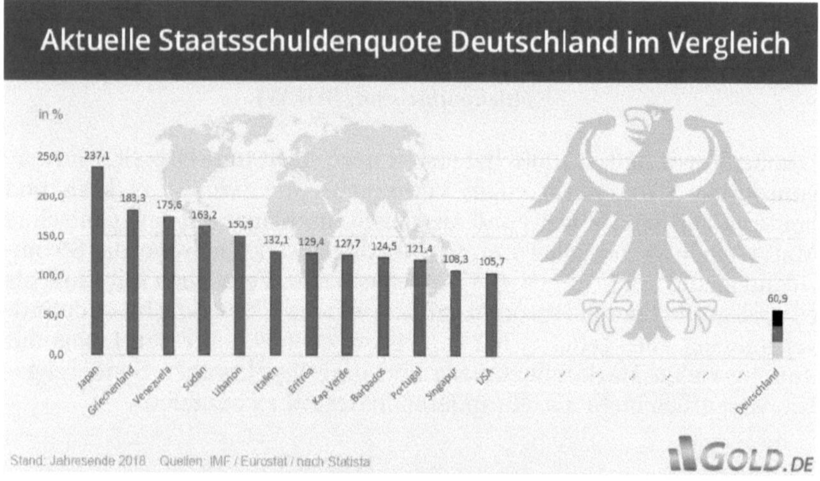

Abbildung 89,Staatsschuldenquote 2018 ausgewählte Länder, Schulden/BIP (IWF)

Ein Staat kann, solange die anderen Staaten noch mit ihm Handel treiben und die Inflation nicht explodiert eigentlich nicht bankrottgehen. Allerdings wird das Risiko immer größer je höher die Schulden steigen und die Wirtschaftskraft, das BIP, sinkt.

Zurzeit ist der Schuldenanstieg bei uns nur gebremst durch die Nullzinspolitik der EZB. Wenn geliehenes Geld einmal wieder mehr kostet und das BIP sinkt fehlt uns bald das Geld für Investitionen.

Allerdings sind bei obiger Betrachtung (Schulden im Verhältnis zum BIP) die langfristigen Verbindlichkeiten des Staates wie Beamtenpensionen und Renten-/Sozialkosten nicht berücksichtigt.

Der IWF hat 2018 in einer Studie diese Verbindlichkeiten einbezogen und kam dabei (nach einem Artikel der Welt vom 10.10.2018) zu folgendem Schluss:

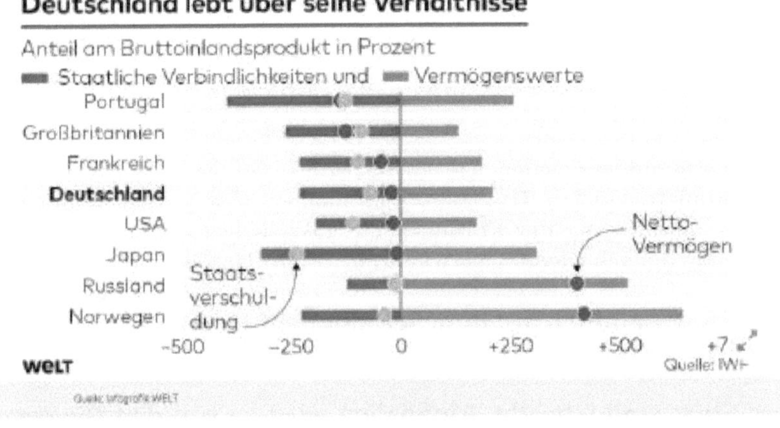

Abbildung 90,IWF-Staatsschulden inkl. langfristige Verbindlichkeiten, Stand:2018 (Welt, IWF)

Deutschland ist bereits mit 19,5% seiner Wirtschaftsleistung über dem bisherigen BIP (ohne Corona-Effekt) verschuldet, selbst wenn die Forscher den Staatsbesitz einbeziehen.

Allerdings haben die Forscher die künftigen Steuereinnahmen, da schwer vorhersehbar, nicht berücksichtigt. Außer Beamtenpensionen wurden auch keine Renten/Sozialkosten einbezogen.

Trotzdem erachtete der IWF die Finanzlage in Deutschland bereits vor Corona als so heikel, dass wir uns unter den letzten 7 der ausgewählten 31 Staaten wiederfinden, noch hinter Uganda oder Kenia.

Schlechter als Deutschland schneiden nur El Salvador, Österreich, Frankreich, Gambia, Großbritannien und Portugal ab.

Das größte Nettovermögen hat Norwegen, gefolgt von Russland und Kasachstan. Auch in Australien, Peru, Südafrika und Südkorea ist das Nettovermögen größer als die Wirtschaftsleistung, was mit Ausnahme von Südkorea auch auf die vorhandenen Bodenschätze zurückzuführen ist.

Ein rohstoffarmes Land wie Deutschland kann sich keine finanziellen Abenteuer erlauben, deshalb müssen wir unsere Schulden abbauen, um der ‚Fridays for Future Generation‘ böse Überraschungen in der Zukunft zu ersparen. Auch ein Wiederaufbau von Staatsvermögen, z.B. mit der Anlage von weiteren Goldreserven, wäre sinnvoll, um Krisenzeiten vorzubeugen.

Weiteres Schuldenmachen, wie von der Politik vorgeschlagen, wäre Russisch-Roulette spielen. Das sollte man bleiben lassen. Auch wenn man für die Bewältigung der Corona-Krise kurzfristig Geldmittel benötigt muss man danach wieder eisern sparen, um für Notfälle vorzubauen.

Fangen wir endlich mit dem Schuldenabbau an und überlegen uns ernsthaft wie!

Der Staat sind wir alle. Finanziert wird er von den Bürgern, nicht von der Politik!

6. EMPFEHLUNG ZUR ENERGIE-/VERKEHRSWENDE

Es ist offensichtlich, dass der CO_2-Anstieg in der Welt nur aufgehalten werden kann wenn

- Das Bevölkerungswachstum insgesamt im Konsens auf ein erträgliches Maß eingeschränkt wird,
- Weltweit Bäume gepflanzt werden, statt sie für Siedlungszwecke, Heizen und Landwirtschaft abzuholzen,
- Die Großverbraucher in der Welt (China, USA, Indien) auf umweltfreundlichere Kraftwerke umsteigen, statt alte Kohle und Ölkraftwerke weiter zu nutzen.

Mittelfristig kann dies nur gelingen, wenn weltweit, soweit sinnvoll <u>und für die einzelnen Länder finanziell möglich</u>, auf alternative Energien, Kernkraft und Gaskraftwerke gesetzt wird.

Deutschland kann nur insoweit mitmachen, wie

- es seine begrenzten finanziellen Mittel erlauben,
- die wirtschaftliche Konkurrenzfähigkeit mit mittleren Strompreisen verbessert wird,
- alternative Energien sinnvoll genutzt (Windflaute/Nacht berücksichtigen) werden,
- Kernkraftwerke und saubere fossile Kraftwerke weiter betrieben oder erneuert werden,
- Fossile Kraftwerke mit Fernwärmeauskopplung weiterbetrieben werden bis Alternativen verfügbar sind.

Wir müssen bei uns die Kernkraft weiterbetreiben und ausbauen, wenn wir die vereinbarten CO_2-Ziele einhalten wollen, da Wind- und Solarkraft nicht ausreichen, unseren Bedarf komplett zu decken. Momentan können wir uns noch am europäischen Strommarkt mit billigem Strom aus den abgeschriebenen französischen Nuklearkraftwerken sowie den alten polnischen Kohlekraftwerken und anderen bedienen. Aber wenn wir Versorgungssicherheit im eigenen Land wollen, müssen wir uns eine eigene Reserve erhalten und einrichten.

Dies geht mittelfristig aber nur mit der Kernkraft sowie Gas-Kombikraftwerken und den modernsten Braun- bzw. Kohlekraftwerken, bis die Kernkraft übernimmt. Wasserstoff als umweltschonender Ersatzbrennstoff ist erst dann eine Lösung, wenn er umweltfreundlich und kostengünstig in großen Mengen aus der Elektrolyse erzeugt werden kann.

Die deutschen Energieversorger hatten bisher immer rechtzeitig für das Vorhalten eines modernen Kraftwerksparks gesorgt, halten sich aber jetzt, wegen des seinerzeit überraschenden Kernkraftausstieges und des jetzigen Kohleausstieges mit Investitionen zurück, da man ja nicht weiß, was morgen wieder Neues beschlossen wird. Aktuell sind sie wegen des hohen EEG-Anteiles am Strompreis nicht in Eile, da sie vom Verbraucher die hohe EEG-Vergütung kassieren und sich stattdessen auf dem Spotmarkt mit billigem Strom versorgen können, wenn sie selbst keine billig-produzierenden Nuklear- und Kohlekraftwerke mehr besitzen. Und sie sind ja auch noch gedeckt: Die Entscheidung, Nuklear- und Kohlekraftwerke abzuschaffen kam aus der Politik.

Hoffen wir, dass Bewegung in die Sache kommt und sich die Regierung doch noch dazu entschließt, die alten Kraftwerke weiter zu betreiben, bis moderne Kern- und Gas-Kombikraftwerke nachgebaut sind, sonst könnten wirklich die Lichter ausgehen.

Im Verkehrsbereich ist es dringend erforderlich, Verkehr von der Straße auf Schiene und Binnenschiff zu verlagern, um deren günstigere Energiebilanz zu nutzen. Zuviel Straßenverkehr macht auch deshalb keinen Sinn, weil viele Straßen ihre Kapazitätsgrenzen überschritten haben und man dort fast nur im Stau steht.

Zudem sollte man bei uns unnötige Fahrten vermeiden (z.B. Elterntaxi) und überlegen, inwieweit eine Regionalisierung der Versorgung und des Handels unnötig weite Transporte (z.B. Äpfel aus Chile) die vollkommene Globalisierung ablösen und die Versorgungssicherheit (s. Corona-Krise) erhöhen kann.

Elektroantriebe auf Batteriebasis für Straßenfahrzeuge sind zurzeit noch keine Lösung, da Reichweiten und Lademöglichkeiten keinen sinnvollen und störungsfreien Gebrauch erlauben. Das Gleiche gilt für Lkws mit Oberleitung deren spez. Energieverbrauch 4,7-mal höher ist als bei der Bahn.

Die Autoindustrie muss übergangsweise (20 bis 30 Jahre) weiterhin schadstoffarme Fahrzeuge mit Verbrennungsmotor bauen, bis genügend Strom CO_2-frei erzeugt wird und die Batterietechnik ausgereift ist.

Hüten wir uns vor radikalen Lösungen, die

- unsere Industriestruktur zerstören (schlagartige Abschaffung des Verbrennungsmotors) und somit unsere Exportindustrie insgesamt schädigen,
- unnötig moderne thermische Kraftwerke abstellen,
- Autohersteller durch Strafzahlungen in den Ruin treibt, selbst wenn deren Manager Fehler gemacht haben sollten. Bestraft die Manager, nicht die Arbeiter.

Sorgen wir nach den Erfahrungen der Corona-Krise sofort dafür, dass Versorgungssicherheit wiederhergestellt wird, indem

- Rohstoffe zur Energieversorgung aus verschiedenen Quellen beschafft und wo nötig bereitgehalten werden (Ausfallsicherheit),
- Lebenswichtige Versorgungsgüter wieder gelagert werden,
- Die Industrie ihre Lagerwirtschaft wieder ausbaut, um Lieferengpässe abzufedern (was auch zu einer Veränderung des Transportaufkommens führt),
- Die Beschaffung soweit regionalisiert wird, dass keine Lieferengpässe bei Ausfall einer Lieferregion in Europa und der Welt entstehen können.

Zusätzlich wäre es umwelttechnisch sehr hilfreich, wenn

- Weltweit koordiniert Plastikmüll eingesammelt und verbrannt wird,
- Kein neuer Plastikmüll entsteht und
- Kriege vermieden bzw. beendet werden. Auch dies belastet die Umwelt.

Bei alledem könnte sich die Fridays for Future Bewegung sehr gut einbringen, indem sie sinnvolle, funktionsfähige Industrie-, Kraftwerks- und Verkehrskonzepte erstellt und bei der Umsetzung mithilft. Nur Forderungen aufzustellen, ohne die Konsequenzen bedacht zu haben ist keine Lösung, um unser Land auf einen besseren Weg zu bringen.

Natürlich wäre es schöner, wieder das Paradies zu verwirklichen, aber dazu sind wir auf der Welt zu viele Menschen, um wie vor 400 Jahren nur von der landwirtschaftlichen Arbeit und dem Handwerk leben zu können.

Deutschland braucht eine funktionierende Industrie mit hochwertigen Produkten, die sich weltweit verkaufen lassen, um seinen Lebensstandard und die Sozialleistungen erhalten zu können.

Wir brauchen weiter Firmen mit modernster Technik und hiesiger Produktion zum weltweiten Bau und Verkauf von

- Umweltfreundlichen Kraftwerken,
- Eisenbahnen und Bahntechnik,
- Umweltfreundlichen Autos.

Deutschland verfügt nach wie vor über die besten und umweltfreundlichsten Autos, obwohl deren Renommee durch den 'Dieselskandal' gelitten hat. Nur war dieser Skandal eigentlich von der Politik verursacht, indem immer schnellere, überzogene Umweltvorschriften nach dem Motto aus dem Einzelhandel erlassen wurden: Darf es etwas mehr (Grenzwert) sein?

Natürlich war es nicht richtig, zeitweise die verschärften Vorschriften zu ignorieren und zu tricksen. Aber die Euro 4-Motoren waren verbrauchsoptimiert und die Feinjustierung auf niedrigere Grenzwerte mit schlechterem Motorwirkungsgrad brauchte Zeit [17.2].

Heute können alle das schier Unmögliche der EU-Vorschriften mit ihren Verbrennungsmotoren (Euro 6 d oder 7) erfüllen.

Die Politik muss jetzt die Autoindustrie rehabilitieren und für Investitionssicherheit bei den Autokäufern sorgen. Wenn jemand, wie 2003, einen umweltfreundlichen Diesel mit Steuerbefreiung gekauft hat muss er davon ausgehen können, dass er das Fahrzeug bis zu dessen Lebensende nutzen kann. Deshalb ist der Autoabsatz bereits vor Corona eingebrochen, die Corona-Krise hat die Situation nur beschleunigt.

Stellt das Vertrauen in die Autoindustrie wieder her und die Leute kaufen wieder Autos.

Nur mit hochwertigen Arbeitsplätzen können wir unser Volk auf hohem Niveau versorgen, da wir keine Rohstoffe besitzen, die wir verkaufen könnten.

Und wir brauchen noch eines:

Ein ideologiefreies energie- und verkehrspolitischen Gesamtkonzept mit Zeitplan!

Sowohl der Atom- als auch der Kohleausstieg wurden beschlossen ohne ein energiepolitisches Gesamtkonzept, das funktionierende Erzeugungsalternativen rechtzeitig bereitstellt, bevor die alten Kraftwerke abgeschaltet werden. Selbst der Bericht der Kohlekommission (Kommission Wachstum, Strukturwandel und Beschäftigung) vom 31.1.2019 enthält nur einen Zeitplan für den Kohleausstieg sowie andere Fördermaßnahmen für die Wirtschaft und Infrastruktur einschließlich der Wiedereröffnung alter Bahnstrecken, aber keinen konkreten Plan, wann welches Kraftwerk die Versorgung übernimmt. Das muss nachgeholt und solange müssen die existierenden Kern- und Kohlekraftwerke weiterbetrieben werden, um Stromausfälle zu verhindern.

Das Gleiche gilt für die Automobilbranche. Die heutigen Fahrzeuge mit Verbrennungsmotor sind die besten der Welt und schaden der Umwelt schon wenig, besonders wenn sie in geringerem Maße betrieben werden. Aber mit Dieselbetrugsgeschrei wird sie keiner mehr kaufen, was unsere Volkswirtschaft maximal 800 000 Arbeitsplätze kosten kann. Es ist daher Zeit, sie zu rehabilitieren, sonst schaden wir uns allen.

Wenn durch Verlagerung des Verkehrsaufkommens von der Straße auf die Schiene in der Automobilwirtschaft und dem Lkw-Transport Arbeitsplätze wegfallen sollten Automobilwerke Bahnfahrzeuge bauen und warten sowie die Transportarbeiter Jobs bei der Bahn übernehmen. Fertigungsstraßen für Lkws lassen sich

recht gut in solche für Bahnfahrzeuge umbauen, das Lichtraum-
profil ist ähnlich. Und jemand der Lkws fahren und beladen kann
ist genauso geeignet eine Lok zu fahren oder einen Zug zu beladen.

Das Leben ist nicht nur durch Abgase gefährdet. Wenn eine
hochentwickelte Volkswirtschaft durch Arbeitslosigkeit verelen-
det, ist das mindestens genauso gefährlich und kostet Menschen-
leben, wie es uns die Weimarer Republik gelehrt hat. Lassen wir es
nicht so weit kommen.

Masterplan für Deutschland

Seit Jahrzehnten erstellen Ingenieure Masterpläne für Entwick-
lungsländer, in denen der Fortschritt in der Energiewirtschaft und
Industrie detailliert geplant wird. Warum machen wir das nicht
auch bei uns?

Ich denke, bei solch einschneidenden Veränderungen, wie sie
jetzt bei uns anstehen, ist es an der Zeit das Gleiche zu tun, denn
eine entwickelte Volkswirtschaft funktioniert wie ein großes Zahn-
radgetriebe. Stockt ein Zahnrad steht der ganze Verband.

Deshalb brauchen wir eine Masterstudie für das ganze Land.

Bei straffer Planung der Studie könnte man mit aufeinander ab-
gestimmten Arbeitsgruppen aus Hochschulen, Fridays for Future,
Energiewirtschaft, Fertigungs-, Grundstoff-, Chemie-, Autoindustrie, Bahntechnik, Schifffahrt-, Luftfahrt- und Bahnexperten in einem Jahr ein zukunftsträchtiges Gesamtkonzept mit Zeitplan er-
arbeiten, das aufeinander abgestimmte Maßnahmen, den Master-
plan, aufzeigt. Nur wenn wir unser Land erhalten, können wir auch
weiterhin anderen helfen.

Wir haben genug Zeit, mit unserem 2,26%-Anteil an der Weltenergieerzeugung im Vergleich zu großen Volkswirtschaften wie China und Indien, die so schnell von den Kohlekraftwerken nicht wegkommen.

Trauen wir uns wieder zu mehr Marktwirtschaft zuzulassen, ohne staatliche Eingriffe. Das Elektroauto wird dann gekauft, wenn die Menschen von seiner Brauchbarkeit überzeugt sind und Häuser werden umweltfreundlich gedämmt und geheizt, wenn sich das für die Bürger rechnet. Dann braucht man auch keine Zuschüsse und der Staat, wir alle, sparen Geld.

Nur wenn wir unsere Industriestruktur koordiniert, zielstrebig, kostenbewusst und behutsam modernisieren, erhalten wir unsere Zukunft auch für die ‚Fridays for Future' Bewegung.

Um dies in Zukunft zu erreichen sollte die ‚Fridays for Future'-Bewegung Montag bis Samstag lernen, damit das ehemalige Land der Dichter und Denker intellektuell wieder Weltspitze wird und Exportnation bleiben kann.

Wir brauchen endlich eine Elite, die diesen Namen verdient, damit wohl durchdachte Zukunftslösungen realisiert werden können und nicht populistische Schnellschüsse das Land ruinieren.

Dipl.-Ing. Klaus H. Richardt

ABKÜRZUNGSVERZEICHNIS

Abkürzungsverzeichnis	
AGE	Arbeitsgemeinschaft Energiebilanzen (Zusammenschluß von Hochschulinstituten zur jährlichen Analyse des Energieverbrauches)
BDEW	Bundesverband der Deutschen Elektrizitätswirtschaft
BIP	Güter und Dienstleistungen)
CNG	Compressed Natura Gas (komprimiertes Erdgas)
CO	Kohlemonoxid
CO_2	Kohlendioxid; gasförmige, chemische Verbindung
DI	Direct Injection (Direkteinspritzung)
DPF-Regeneration	Diesel Partikelfilter Regeneration (Diesel Partikelfilter Reinigung)
EEG-Umlage	Erneuerbare Energie Gesetz Umlage (zur Finanzierung der erneuerbaren Energien erhobene Strompreisumlage)
EU	Europäische Union
Euro 0 - Euro 6	Abkürzung für europäische Abgasnormen für Kraftfahrzeugantriebe
G-H-D oder GHD	Gewerbe, Handel und Dienstleistungen
GW	Leistungseinheit (1 GW = 1.000.000 kW)
HC	Unverbrannte Kohlenwasserstoffe
ICE	Intercity-Express
IEA	International Energy Agency
IWF	Internationaler Währungsfonds
KBA	Kraftfahrtbundesamt
Kfz	Kraftfahrzeug
ktoe	Kilotonnen Öl-Äquivalent (Energieeinheit: 1 ktoe = 11,63 GWh)
Lkw	Lastkraftwagen
LPG	Liquified Petroleum Gas (Flüssiggas; Hauptbestandteile: Butan, Propan)
MJ	Megajoule (Energieeinheit: 1 MJ = 1.000 kJ)
Mrd	Milliarde
Mt	Megatonne (Gewichtseinheit)
MW	Leistungseinheit (1 MW = 1.000 kW)
ND-AGR	Niederdruck Abgasreinigung
NEFZ	Neuer Europäischer Fahrzyklus
NMVOC	Non-methane volatile organic compounds (flüchtige organische Verbindungen ohne
NOx	Stickoxidemission
PEMS	Portable Emission Measuring System (Portables Emeissionsmeßsystem)
PJ	Petajoule (Energieeinheit: 1 PJ = 1.000.000.000.000 kJ)
Pkw	Personenkraftwagen
PM	Particular Matter (Englisch für Partikelgröße beim Feinstaub), normalerweise PM_{10} für Partikel < 10 mikrometer
PPA	Power Purchase Agreement (Vertrag zur Vergütung privat-finanzierter Kraftwerke durch Stromverkauf)
RDE	Real Driving Emission (Abgasemissionen unter realen Fahrbedingungen auf der Strasse)
SCR	Selective Catalytic Reduction (Selektive katalytische Reduktion)
TWh	Energieeinheit (1 TWh = 1.000.000.000 kWh)
UBA	Umweltbundesamt
VDA	Verband der Automobilindustrie
WLTC	World Light Vehicle Test Cycle
WLTP	World Light Vehicle Test Procedure
WSV	Wasserstrassen- und Schifffahrtsverwaltung des Bundes

EINHEITEN

10-er Potenzen	Einheit	Bezeichnung	Einheit	
	k	Kilo	10^3	1.000
	M	Mega	10^6	1.000.000
	G	Giga	10^9	1.000.000.000
	T	Tera	10^{12}	1.000.000.000.000
	P	Peta	10^{15}	1.000.000.000.000.000
	E	Exa	10^{18}	1.000.000.000.000.000.000
Masse	kg	Kilogramm	1000 g	
	t	Tonne	1000 kg	
Energie				
	ktoe	Kilotonne-Öl-Äquivalent	11,63 GWh	
	Wh	Watt-Stunde	3600 Ws	
	J	Joule	1 Ws	
Leistung	W	Watt	1 Watt	
Transportleistung				
Fracht	tkm	Tonnenkilometer	1 tkm	
Personen	Pkm	Personenkilometer	1 Pkm	
Länge	m	Meter	1 m	
Fläche	m²	Quadratmeter	1 m²	
Volumen	m³	Kubikmeter	1 m³	
Strom				
Spannung	V	Volt	1 V	
Stromstärke	I	Ampere	1 A	

ABBILDUNGSVERZEICHNIS